在棚膜上拴适量清尘布条，布条随风左右摆动，自动清除棚膜上的灰尘

温室前裙膜卷起后覆盖防虫网

...地下...外观

在日光温室通风口处设置挡风膜

一串铃 4 号

绿宝冬瓜

春早 1 号

华枕冬瓜

绿春冬瓜

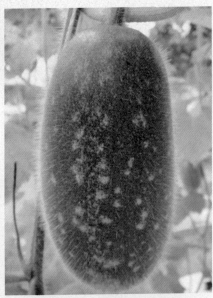

穗小1号

一串铃3号

吉 乐

3

金棚碧绿

山农 1 号

绿春 8 号冬瓜

穴盘育苗

4

冬瓜田间吊蔓

冬瓜落蔓

摘除多余的
冬瓜侧枝

摘除冬瓜卷须

摘除雄花

疏　瓜

冬瓜吊蔓栽培

冬瓜细菌
性角斑病

6

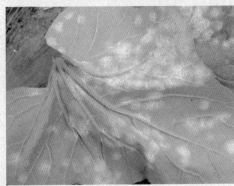

冬瓜白粉病

冬瓜绵疫病

冬瓜病毒病

冬瓜蚜虫
为害症状

瓜蓟马为害症状

螨虫为害

缺钾造成冬瓜的大头瓜

冬瓜缺镁，下部叶叶脉间黄白化

寿光菜农科学种菜丛书

寿光菜农
日光温室冬瓜高效栽培

编著者

胡永军　张　璇　李玉华

金盾出版社

内 容 提 要

本书由山东省寿光市农业局胡永军高级农艺师、张璇助理农艺师和该市乡镇农技站李玉华技术员编著。内容包括日光温室的设计与建造,冬瓜新优品种选择、日光温室冬瓜育苗技术、多茬次栽培技术、土壤障碍控防技术、肥水管理技术、栽培管理经验与新技术、病虫害防治技术等8章。该书贴近蔬菜生产实际,突出科学性、实用性和可操作性,内容新颖,文字通俗易懂,适合广大农民、蔬菜专业户、蔬菜基地生产者和基层农业技术人员阅读,亦可供农业院校相关专业师生参考。

图书在版编目(CIP)数据

寿光菜农日光温室冬瓜高效栽培/胡永军,张璇,李玉华编著 . -- 北京 :金盾出版社,2011.3
(寿光菜农科学种菜丛书)
ISBN 978-7-5082-6770-8

Ⅰ.①寿… Ⅱ.①胡…②张…③李… Ⅲ.①冬瓜—温室栽培 Ⅳ.①S626.5

中国版本图书馆 CIP 数据核字(2011)第 001112 号

金盾出版社出版、总发行
北京太平路 5 号(地铁万寿路站往南)
邮政编码:100036 电话:68214039 83219215
传真:68276683 网址:www.jdcbs.cn
封面印制:北京蓝迪彩色印务有限公司
彩页正文印刷:北京金盾印刷厂
装订:永胜装订厂
各地新华书店经销
开本:850×1168 1/32 印张:6.875 彩页:8 字数:153 千字
2011 年 3 月第 1 版第 1 次印刷
印数:1~10000 册 定价:12.00 元

前　言

　　山东省寿光市农民种菜虽然有着较悠久的传统,但真正以种植蔬菜闻名全国则是在 20 世纪 80 年代中期。20 世纪 80 年代初,寿光市三元朱村农民在党支部书记、全国优秀共产党员、2009 年被评为"感动中国人物"之一的王乐义同志的带领下,率先试验成功了冬暖式大棚(日光温室)蔬菜生产,从而推动了一场遍及全省乃至全国的"绿色革命"。继而寿光市成为中国最大的蔬菜生产基地,光荣地被国家命名为惟一的"中国蔬菜之乡"。全市蔬菜常年种植面积达到 5.33 万公顷(80 万亩),总产量达到 40 亿千克,其中日光温室蔬菜面积达到 2.67 万公顷(40 万亩)。寿光市种植蔬菜收入超过当地农业收入的 70%。

　　寿光市蔬菜生产发展的经验可以总结出许多条,但最根本的经验是依靠科学技术种菜。寿光菜农重视学习蔬菜种植技术,重视总结经验,不断探索和提高蔬菜种植技术水平,因而能不断提高种植效益。特别是近几年,涌现出了不少新典型,摸索和创造出不少新的技术。在寿光市蔬菜生产发展的新形势下,金盾出版社邀请我们围绕"科学种菜"这个主旨,编写一套寿光农民深入开展科学种菜的丛书。为此,我们在市有关部门的支持下,组织市农业局部分农技人员和乡镇一线农业技术人员深入田间地头和农户家中,了解、收集和总结近年来菜农在蔬菜生产中遇到的疑难问题、新的栽培技术和经验以及新的栽培模式,编写了寿光菜农科学种菜丛书。丛书分为《寿光菜农日光温室番茄高效栽培》、《寿光菜农日光温室茄子高效栽培》、《寿光菜农日光温室辣椒高效栽培》、《寿光菜农日光温室黄瓜高效栽培》、《寿光菜农日光温室苦瓜高效栽培》、《寿光菜农日光温室丝瓜高效栽培》、《寿光菜农日光温室冬瓜高效栽培》、《寿光菜农日光温室西葫芦高效栽培》、《寿光菜农日光温室西瓜高效栽培》、《寿光菜农日光温室菜豆高效栽培》10个分册。丛书力求反映寿光菜农最新种菜技术和经验,力求贴近生产,深入浅出,重视实用性和可操作性;在语言表述上力求简明扼要,通俗易懂。

最后,需要特别说明的是,我们不揣冒昧,在丛书中向广大读者介绍了寿光菜农独创的一些"拿手技术",虽然这些技术与传统专业书中介绍的有不同之处,但是有它合理和实用的一面,对农民朋友种植蔬菜或许将起到交流、启发和借鉴作用。同时,我们期待将这些体会和做法在生产实践中不断验证、提炼和完善,不断上升到科学的高度。

由于编者水平所限,书中疏漏、不妥之处甚至错误之处在所难免,敬请专家和广大读者批评指正。

丛书编委会

2010 年 9 月

目　　录

第一章　日光温室的设计与建造

一、日光温室的设计与建造原则

(一)建造日光温室要因地制宜

寿光的日光温室是根据寿光地理气候的自然条件建立并根据实际情况不断改进和完善的一种模式。有些地区不分地域模仿寿光的模式建造日光温室,是造成日光温室采光性、保温性与实种面积不协调,使蔬菜生产陷入困境的重要原因。

各地建造日光温室时,要根据当地经纬度和气候条件,对日光温室的高度、跨度以及墙体厚度等做好调整,以适应当地条件。如东北地区建造的日光温室如果与山东省寿光市一样,那么日光温室内的采光性和保温性将大为不足;而南方地区的日光温室建造如果与寿光市一样,则日光温室的实种面积将受到限制。因此,建造日光温室要根据寿光的经验做到因地制宜。

1. 正确调整日光温室棚面形状和日光温室宽与高的比例　日光温室棚面形状及日光温室棚面角是影响日光温室日进光量和升温效果的主要因素,在进行日光温室建造时,必须从当地实际条件出发,合理选择设计方案。在各种日光温室棚面形状中,以圆弧形采光效果最为理想。

日光温室棚面角指日光温室透光面与地平面之间的夹角。当太阳光透过棚膜进入日光温室时,一部分光能转化为热能被棚架和棚膜吸收(约占 10%),部分被棚膜反射掉,其余部分则透过棚膜进入日光温室。棚膜的反射率越小,透过棚膜进入日光温室的太阳光就越多,升温效果也就越好。最理想的效果是:太阳垂直照射到日光温室棚面,入射角是零,反射角也是零,透过的光照强度最大。简单地说,要使采光、升温与种植面积较好地结合起来,日光温室宽和高的比例就要合适。不同地区合适的日光温室高与宽的比例是不同的。经过试验和测算,日光温室宽与高的比值可以用下面的公式来计算:

日光温室宽:高=ctg 理想日光温室棚面角

理想日光温室棚面角=56°-冬至正午时的太阳高度角

冬至正午时的太阳高度角=90°-(当地地理纬度-冬至时的赤纬度)

例如,山东省寿光市在北纬 36°～37°,冬至时的赤纬度约为23.5°(从数学角度看,北半球冬至时的赤纬度应视作负值),所以寿光市合理的日光温室宽:高,按以上公式计算为 2～2.1:1。河北中南部、山西、陕西北部、宁夏南部等地纬度与寿光市相差不大,日光温室宽:高基本在 2～2.1:1 左右。江苏北部、安徽北部、河南、陕西南部等地,纬度较低,多在北纬 34°～36°,冬至时的太阳高度角大,理想日光温室棚面角就小,日光温室宽:高也就大一些,为 2.2～2.4:1。而在北京、辽宁、内蒙古等省(自治区、直辖市),纬度较高,在北纬 40°地区,日光温室宽:高也就小一些,为 1.8～1.9:1。建造日光温室要根据当地的纬度灵活调整。

2. 确定合适的墙体厚度 墙体厚度的确定主要取决于当地的最大冻土层厚度,以最大冻土层厚度加上 0.5 米即可。如山东省最大冻土层厚度为 0.3～0.5 米,墙体厚度 0.8～1 米即可。辽宁、北京、宁夏等地的最大冻土层厚度甚至达到 1 米,墙体厚度需适当加厚 0.3～0.6 米,应达 1.3～2 米。江苏北部、安徽北部、河南等地,最大冻土层厚度低于 0.3 米,墙体厚度在 0.6～0.8 米即可满足要求。如果墙体厚度薄了,保温性差;厚了,则浪费土地和建造日光温室的资金。

在寿光市大跨度半地下日光温室开发设计中,为增加保温贮热能力和便于建设施工,墙体一般基部为 3.5 米以上,顶部在 1.5 米左右,墙体内侧基本砌成与栽培床面垂直的墙面,外侧呈斜坡。由于建墙大量的用土来自于栽培床面,使床面挖深达 100 厘米左右。通过几年实践证明,由于墙体的加厚,贮热能力加大,墙体的增高,使温室前坡面采光角度增大,增温效果显著,并且通过下挖充分利用了地温,在冬季比非地下温室温度增高 3℃～5℃,蔬菜在外界−27℃的严寒地带照常生长良好。

3. 确定合适的日光温室间距　日光温室建造的方位应坐北面南,东西延长,这样日光温室内光照分布均匀。两个日光温室之间如距离过大,则浪费土地;过近,则影响日光温室光照和通风效果,并且固定日光温室棚膜等作业也不方便。

理论上,前、后两个温室之间的距离应为多少米,前面的温室才不会遮到后面的温室,是由前面温室的高度和当地冬至时太阳高度角所决定的。冬至时太阳高度角最小,同样的墙体对后面的地块遮荫最多,所以应以当地冬至时太阳高度角来计算。

以寿光市为例,冬至时太阳高度角为 29.5°,其余切值就是 1.762。它表示前排温室最高点的地面投影到后排温室最前端的距离与前排温室最高点的高度加草苫捆直径的和的比值为 1.762。所以,两个温室之间不遮荫的最小距离＝(前排温室最高点的高度＋草苫捆的直径)×1.762−前排温室最高点的地面投影到北墙体外缘的距离。

举例说明:假如前排温室的最高点高度为 5 米,所用草苫捆直径是 1 米,前排温室最高点的地面投影到北墙体外缘的距离为 6 米,那么,建温室时两温室间不遮荫的最小距离就是(5＋1)× 1.762−6＝4.572 米。

在实际应用中,前排温室墙体后缘到后排温室前缘的合适距离为不遮荫最小距离加一个修正值 K,K 的具体大小可根据情况自定。K 值大，后排温室光照好，但土地利用率低；K 值小，土地利用率高，但后排温室光照相对较差。在山东、河北等省 K 值通常为 1.2～1.6 米，前排温室墙体后缘到后排温室前缘的合适距离为 5.8～6.2 米。

(二)设计和建造日光温室需要注意的问题

在设计日光温室时，必须依据地理纬度、气候条件、场地面积、地形等自然情况，处理好日光温室的总体尺寸关系，使总体尺寸关系处于适宜范围，才能使日光温室具有采光性强、保温性好、节能和经济实用的独特优点。高度、跨度、长度配合得当，则采光角度和前后坡水平宽度比例适当，采光增温和贮热保温性能都好，日光温室内范围也得当，既能减轻山墙遮阳成荫影响，也易于控制调节日光温室温度，又有利于作物生长发育和便于人们对作物栽培管理。

老式的"低档日光温室"棚体过矮，过窄，过小，不便于操作，再加上空气相对湿度大，菜农长期于日光温室内劳动作业，容易患"日光温室综合征"(主要症状是腰、腿痛和肩背不舒服)。20 世纪 80 年代的日光温室大都是高 3 米，跨度为 8 米，长为 50～60 米的泥坯墙体，这种日光温室低矮、空间小，二氧化碳浓度变化大，夜间饱和，白天上午 11 时以后就会缺乏，导致昼夜温差过大，空气湿度大，冬季冬瓜生产容易发病。

但日光温室过长，也有缺点：一是日光温室过长、过宽，面积越大，温度升得慢，降得也慢，昼夜温差过小，营养消耗大，不利于冬瓜增产；二是日光温室过长，有的东西山墙相隔 250 米，采摘运输冬瓜时极不方便。

建日光温室的标准不仅要了解地理纬度，还需要了解当地土层厚度等条件。如半地下日光温室只适于土层深厚、地势高燥、地下水位较深的地区，而对于土层薄、或地势低洼、或地下水位浅的低纬度地区(如安徽、江苏淮阴),则不适宜建造。

寿光市日光温室适宜跨度为9～12米,墙体厚度为1.5～4米,日光温室内走道(水沟)50～70厘米。不同纬度的地区后墙高度也不一样。可根据日光温室棚体特点采取改进措施:一是采用适宜的日光温室棚面角度。采光由日光温室棚面角度和透光率决定,日光温室棚面角度越大,透光率越高,升温越快;二是选用优质农膜;三是增前坡,缩后坡。如脊高3米的日光温室,跨度以8米为宜,其中前坡水平宽度以6米左右为宜;四是改变日光温室不适当的朝向;五是对于棚体过大过长的日光温室,可于其长度中间设1道内山墙,或用棚膜将其一分为二隔开,这样一来提温快,二来便于操作。

(三)日光温室选址应遵循的原则

日光温室选址要遵循以下原则:①选地势开阔、平坦,或朝阳缓坡的地方建造日光温室,这样的地方采光好,地温高,浇水方便、均匀。②不应在风口上建造日光温室,以减少热量损失和风对日光温室的破坏。③不能在窝风处建造日光温室,窝风的地方应先打通通风道后再建日光温室;否则,由于通风不良,会导致作物病害严重;同时,冬季积雪过多,对日光温室也有破坏作用。④建造日光温室以沙质壤土为最好,这样的土质地温高,有利于作物根系的生长。如果土质过黏,应加入适量的河沙,并多施有机肥料加以改良。如土壤碱性过大,建造日光温室前必须施酸性肥料加以改良,才能建造日光温室。⑤低洼内涝的地块不能建造日光温室,必须先挖排水沟后再建日光温室;地下水位太高,容易返浆的地块,必须多垫土,加高地面后才能建造日光温室;否则,地温低,土壤水分过多,不利于作物根系生长。⑥建造日光温室的地点水源要充足,交通方便,有供电设备,以便于温室的管理和产品运输。

二、寿光日光温室的结构设计与建造

就骨架材料而言,目前寿光推广的日光温室分为标准型和普通型两种。标准型为单立柱钢筋骨架结构,前坡采用钢管钢筋拱架,无前立柱和中立柱,只有后立柱,后立柱多为钢管。普通型为多立柱钢木混合结构,内设 6～7 排水泥立柱,采用镀锌管作拱梁,竹竿作拱杆。就跨度而言,寿光日光温室有 9.5 米、10.2 米、11.0米、11.4 米、12.1 米多种形式;就立柱而言,寿光日光温室分为单立柱结构、六立柱结构、七立柱结构等 3 种结构。目前,寿光市推广面积最大的日光温室棚型主要有六立柱 114 型日光温室、七立柱 121 型日光温室、单立柱 110 型日光温室 3 种。

(一)六立柱 114 型日光温室

1. 结构参数

①温室下挖 1 米,总宽 15.4 米,后墙外墙高 3.4 米,山墙外墙顶高 4.7 米,墙下体厚 4 米,墙上体厚 1.5 米,走道加水沟宽 0.6米,种植区宽 10.8 米。结构为土压墙体,钢筋竹竿混合式拱架。

②立柱 6 排,一排立柱(后墙立柱)长 6.1 米,地上高 5.3 米,至二排立柱距离 1 米。二排立柱长 6.3 米,地上高 5.5 米,至三排立柱距离 2 米。三排立柱长 6.1 米,地上高 5.3 米,至四排立柱距离 2.6 米。四排立柱长 5.3 米,地上高 4.5 米,至五排立柱距离2.8 米。五排立柱长 4 米,地上高 3.2 米,至六排立柱距离 3 米。六排立柱(前立柱)长 1.8 米,地上高 1 米。

③采光屋面平均角度为 23.1°左右,后屋面仰角 45°。前立柱与第五排立柱之间、第五排立柱与第四排立柱之间和第四排立柱与第三排立柱之间的平均切线角度,分别为 36.3°、24.9°和 17.1°左右。

2. 剖面结构图　见图1-1。

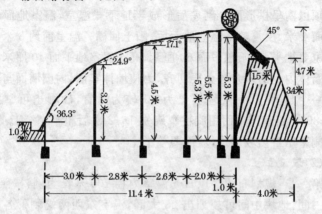

图1-1　六立柱114型日光温室结构图示

3. 建　　造

（1）建造墙体　采用推土机和挖掘机相配合的方法建造墙体。将20厘米深的熟化土层（阳土）推向棚址南侧，待墙体建完后，整平温室地面后阳土再回棚。建墙体的关键是土壤的湿度和墙体的上土厚度。如果打墙前土壤湿度较小，在动工前5～7天围埝30～40厘米，浇足水，以确保建墙质量。每层的上土厚度是保证墙体质量重要的保障措施，在土壤湿度合适的情况下，地平面以上墙体高度为3.4米，一般需要8～10层土，每层土都要反复碾压，碾压一层用挖掘机再放一层土。如此反复，一直把墙体碾压到要求的高度。

把反复压实的墙体雏形用推土机将上口推平，后墙体外墙高度为3.4米。沿墙内侧先画好线，用挖掘机切去多余的土，随切随平整地面。墙体后坡形成自然坡。墙体建成后，墙基高4米，上口宽1.5米。东、西山墙也按相同方法砌好，两山墙顶部靠近后墙中心向南2.4米处再起高1.3米，建成山墙山顶。山顶向南0.6米、

2.6 米、5.2 米、8 米处高度分别为 4.5 米、4.3 米、3.5 米、2.2 米，使山顶以南呈拱形面。砌完后形成半地下式温室，温室地面低于地平面 1 米，反复整平温室地面后，阳土回棚。温室前约 3 米长的地面也要推平，低于地平面 60 厘米，高于温室地平面 40 厘米。

墙体内侧的多余墙土要切齐，为使墙体牢固，内侧墙面与地面要有一个倾斜角，一般轻壤土为 80°较为适宜，砂壤土可掌握在 75°~80°。温室地平面用旋耕犁旋耕 1~2 次后整平、整细。后墙的外侧采用自然坡形式，坡面要整平。

(2)埋设立柱

第一步：规划布线。以日光温室内径 100 米长为例，按照 3.5 米为一间，地块中间可规划出 28 大间，温室东西两端剩下各 1 米的两小间。按照此规划，分别用卷尺测量出每一间的具体位置，而后南北向进行布线。

第二步：定"标尺"。"标尺"是指用于其他立柱埋设时参照的标准立柱。一般是以温室东西两端的立柱作为"标尺"。以寿光市建造温室为例，温室后墙内高 4.4 米，选用的各排立柱高度分别为：第一排加重立柱 6.1 米（偏北斜 5°）、第二排加重立柱 6.3 米（直立）、第三排立柱 6.1 米（偏南斜 3°）、第四排立柱 5.3 米（偏南斜 5°）、第五排立柱 4 米（偏南斜 5°）。在选好立柱之后，再根据布线图，分别把温室东西两端的两列立柱埋设好即可。立柱的下埋深度均为 80 厘米。

第三步：分次埋柱。以温室东西两端的"标尺"为准，按照由外到内的顺序依次埋柱。其方法是：埋设第一排立柱时，先将用于第一排的立柱，从其上端往下测量并标记出 3 米的位置。然后，在"标尺"立柱（从其上端往下）3 米处东西向拉 1 条标线，立柱埋设后，标线要与立柱的 3 米标记处重合。按照此方法，再埋设第五排立柱，最后，埋设其他各排立柱。

(3)处理后坡　要抓好以下 5 个要点。

要点一:埋设后砌柱。在整平温室后墙顶部后,东西向拉线,分别确定后砌柱的埋设点。先将温室内后墙根处的第一排立柱埋设好,而后分别再把温室东端和西端的两根后砌柱(每根长2米)摆放在第一排立柱之上,并稍加固定,待确定好其与水平线的夹角后,再把后砌柱埋设好,并用铁丝将其与第一排立柱相连接。然后,在埋设好的两根立柱下方按东西向拉1条工程线,以作参照。其余后砌柱便按照同样的方法,依次埋设好即可。后砌柱的一端要伸出第一排立柱约40厘米,以备安装温室骨架。后砌柱的另一端埋入墙内约20厘米。

要点二:铺拉钢丝。首先在温室一端的底部埋设地锚,然后拴系好钢丝,将其横放在后砌柱之上,并每间隔1根后砌柱捆绑1次,最后将钢丝的另一端用紧线机固定牢。钢丝间距10~15厘米。

要点三:覆盖保温、防水材料。第一步,选一宽为5~6米、与温室同长的塑料薄膜,一边先用土压盖在距离后墙边缘20厘米处,而后再将其覆盖在"后屋面"的钢丝温室棚面上。温室棚面顶部可再东西向拉1条钢丝,固定塑料薄膜的中间部分。第二步,把事先准备好的草苫或苇箔等保温材料(1.8米宽)依次加盖其上,注意保温材料的下边缘要在塑料薄膜之上。第三步,为防雨雪浸湿保温材料,需再把塑料薄膜剩余部分"回折"到草苫和毛毡之上。

要点四:上土。从温室一端开始,使用挖掘机从温室后取土,然后将土一点点地堆砌在"后屋面"上,每加盖30厘米厚的土层,可用铁锹等工具稍加拍实。另外,要特别注意上土的高度,以不超过温室屋顶为宜,且要南高北低。

要点五:护坡。在平整好"后屋面"土层后,最好使用一整幅塑料薄膜覆盖后墙。温室屋顶和后墙根两处东西向各拉一根钢丝将其固定。

(4)处理前坡 要抓好以下7项工作。

①建造前坡面 在两山墙前坡上各放置两排直径为6厘米左

右的木棒作垫木,并填草泥将木棒埋入山墙内。

②架置横杆和拱杆　在前斜立柱上端槽口处顺东西方向依次绑好横杆,横杆是直径 5 厘米的钢管。同时绑好南北坡向的拱杆,拱杆是用长 14.5 米左右、直径 5 厘米的钢管。拱杆应呈拱形,并紧紧嵌入各排立柱顶端的槽口中,用 12 号铁丝穿过立柱槽口下边备制孔,把拱杆绑牢固。拱杆与横杆衔接处要整平整,并用废旧塑料薄膜或布条缠起来,以防扎坏棚膜。绑好后的所有拱杆必须保持在同一拱面上。

③上前坡钢丝　钢丝在拱杆上间隔 30 厘米均匀铺设,并拉紧固定在两山墙外边的地锚备接铁丝上。最靠近温室屋顶部的一根钢丝与后立柱上后砌柱顶端处钢丝之间的距离约为 20 厘米。拱杆上与拉紧钢丝交叉处用 12 号铁丝绑牢。

④绑垫杆　在拉紧的铁丝上要绑上垂直于拉紧钢丝的细竹竿,即垫杆。垫杆是用直径 2 厘米左右、长 2～3 米的细竹竿,几根细竹竿接起来,接头一定要平滑,从温室前缘一直到棚顶,并用细铁丝紧绑于东西向拉紧的钢丝上。相邻垫杆的间距为 60 厘米左右。

⑤粘接塑料棚膜　一般选用幅宽为 3 米、厚度为 0.11 毫米的 4 块聚氯乙烯功能滴膜,热压缝 5 厘米粘成整体棚膜,在整体棚膜覆盖顶部的一边粘上一道 2 厘米的"裤",裤里穿上 22 号钢丝,以备上棚膜后,通过东西拉紧钢丝,固定天窗通风口的宽度,防止棚膜松动。在"裤"下方 8 米处再粘合一道"裤",裤里穿上 22 号钢丝,作为下通风口的固定钢丝用,以防止下通风口通风时棚膜松动。另用 2～3 米宽、与温室一样长的塑料膜,在一个边都粘合上一道 2 厘米宽的"裤",穿上 22 号钢丝,作为盖敞天窗通风口用。

⑥上棚膜　选择晴朗、无风、温度较高的天气,于中午进行上膜。上膜之前先把塑膜抻直晒软,然后用长 7 米、直径 5～6 厘米的 4 根竹竿分别卷起棚膜的两端,再东西同步展开放到温室前坡

架上。当温室屋顶和前缘的人员都抓住棚膜的边缘，并轻轻地拉紧对准应盖置的位置后，两端的人员开始抓住卷膜杆向东西两端方向拉棚膜，把棚膜拉紧后，随即将卷膜竹竿分别绑于山墙外侧地锚的钢丝上。在上棚膜时，由上坡往下坡展顺膜面，在顶部留出80～100厘米宽与温室等长的天窗通风口不盖整体膜。上完整体棚膜，随即上天窗通风口敞盖膜，将其有裤鼻的一边放在南边（即天窗通风口南边），先把穿在裤鼻里的14号钢丝连同薄膜一块轻轻地抻展开，当此膜压在整体膜上方靠南20厘米处（即盖过天窗通风口），拉紧固定在两山墙的地锚上。其后边盖过温室棚脊并向后盖过后坡将其拉紧，用泥巴盖在后坡及温室棚脊上的一边压住，并将泥抹严。在此通风口钢丝上分段设置上5～6组（三间长设1组，每组3个滑轮）敞盖天窗膜的滑轮，以便于顶部通风用。

⑦上压膜线　采用专用的尼龙绳压膜线压棚膜。按前坡拱形面长度加150厘米截成段备用。在上压膜线之前，应事先在温室前东西向每隔1.2米处备置好1个地锚，以备拴系压膜线。并将其埋在紧靠温室前角外，深度40厘米。上压膜线时，上端拴在温室棚脊之后东西向拉紧的钢丝上，拉紧到一定程度后，下头拴在前角外的地锚上。温室上好压膜线后，由于垫杆向上支撑棚膜，而压膜线于两垫杆中间往下压棚膜。

（5）上草苫　草苫一般用稻草和尼龙绳编织而成，稻草苫的长度一般是从温室棚脊至前窗底脚处地面的长度上再加长1.5米。草苫的厚度和宽度因不同气候、不同地理纬度而不同，在北纬39°～41°的严寒地区，一般草苫为6厘米厚，1.1～1.3米宽。在北纬36°～38°的地区，一般草苫的厚度为5厘米左右、宽度1.3～1.5米。在北纬35°以南地区，一般草苫厚3～4厘米、宽1.4～1.5米。每床草苫的重量为50～100千克。上草苫的方法有两种：一种是在温室屋顶的后边有一道东西向拉紧的钢丝把草苫从后坡搬至温室屋顶后部，一端固定在钢丝上，同时在草苫底下固定两根套拉草苫的拉绳,每根拉绳的长度应为草苫长度的 2 倍再加长 2 米,拉绳最好是尼龙防滑绳或麻绳,以便于放、拉草苫;另一种是把草苫搬到温室前,从棚面上铺上温室屋顶,顶部固定在后坡钢丝上。草苫的覆盖方法也有两种:一种是从东至西依次摆放,覆盖时采取覆瓦状,即西边一床草苫的东边压着相邻东边一床草苫的西边 10 厘米,从温室的后坡顶部覆盖到前坡前窗脚前的地面。最西边草苫的西边,要用一条尼龙绳或麻绳从后坡顶部至前坡前窗脚压紧,防止大风揭帘。另一种是从东至西先隔 1 个草苫覆盖 1 个草苫,盖到温室西边后,再由西到东把未覆盖处用草苫覆盖,使其两边压着相邻草苫的相邻边。现在电动卷帘机的使用已普及,在使用电动卷帘机时上草苫的方法基本与第二种方法相同。

(二)七立柱 121 型日光温室

1. 结构参数

①温室下挖 1 米,总宽 16.1 米,后墙外墙高 3.6 米,后墙内墙高 4.6 米,山墙外墙顶高 5 米,墙下体厚 4 米,墙上体厚 1.5 米,内部南北跨度 12.1 米,走道设在温室内最南端(与其他棚型相反),也可设在温室内北端,走道加水沟宽 0.6 米,种植区宽 11.5 米。

②立柱 7 排,一排立柱(后墙立柱)长 6.4 米,地上高 5.6 米,至二排立柱距离 1 米。二排立柱长 6.6 米,地上高 5.8 米,至三排立柱距离 2 米。三排立柱长 6.4 米,地上高 5.6 米,至四排立柱距离 2 米。四排立柱长 5.8 米,地上高 5 米,至五排立柱距离 2.2 米。五排立柱长 5 米,地上高 4.2 米,至六排立柱距离 2.4 米。六排立柱长 3.8 米,地上高 3 米,至七排立柱距离 2.5 米。七排立柱(戗柱)长 1.8 米,地上与棚外地平面持平,高 1 米。

③采光屋面平均角度为 23.1°左右,后屋面仰角 45°。前立柱与六排立柱间、六排立柱与五排立柱间、五排立柱与四排立柱间和四排立柱与三排立柱间的平均切线角度,分别为 38.7°、26.6°、

20.0°和 16.7°左右。

2. 剖面结构图　见图 1-2。

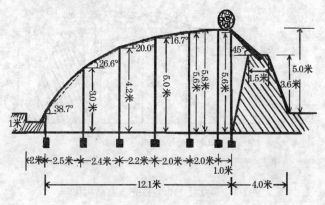

图 1-2　七立柱 121 型日光温室结构图示

3. 建造　依据结构参数,参照六立柱 114 型日光温室建造技术进行建造。

(三)单立柱 110 型日光温室

1. 结构参数

①单立柱钢筋骨架结构日光温室,下挖 1 米,总宽 15 米,内部南北跨度 11 米,后墙外墙高 3.4 米,后墙内墙高 4.4 米,山墙外墙顶高 4.7 米,墙下体厚 4 米,墙上体厚 1.5 米,走道和水沟设在温室内最北端,走道加水沟宽 0.6 米,种植区宽 10.4 米。

②仅有后立柱,种植区内无立柱。后立柱地上高 5.3 米。

③采光屋面参考角平均角度为 23.1°左右,后屋面仰角为 45°左右。前窗与距前窗檐 3 米处、距前窗檐 3 米处与距前窗檐 5.8 米处、距前窗檐 5.8 米处与距前窗檐 8.4 米处的平均切线角度分别为 36.3°、24.9°和 17.1°左右。

2. 剖面结构图 见图1-3。

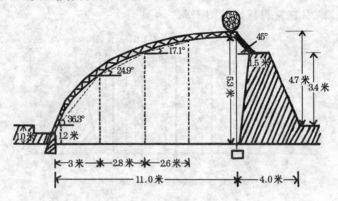

图1-3 单立柱110型日光温室结构图示

3. 建 造

(1)**建造墙体** 同六立柱114型日光温室。

(2)**预制墙顶** 墙体砌好后,从顶部内缘平铺一层0.06厘米厚的塑料薄膜,一直铺到外墙底部,以防止漏雨浸垮墙体。在内墙墙缘向北0.6米处,东西向每1.5米埋1块预埋铁,以备焊接铁梁用。

(3)**埋设后立柱基座** 每隔1.5米在紧靠后墙体内侧挖1个0.3米×0.3米×0.4米深的坑预制水泥基座,并预埋铁块以便焊接后立柱用。

(4)**焊制钢架拱梁** ①温室内每隔1.5米设钢架拱梁1架,100米长的温室共计设66架拱梁。②焊制前坡拱梁要选取国标3.96厘米(1.2寸)镀锌管与3.3厘米(1寸)镀锌管焊成双弦(或3弦)拱架,用6.5毫米钢筋拉花焊成直角形。主要采光面平均角为23.1°。③找一平整场地,根据日光温室宽度、高度和前坡棚面角角度,在地面做一模型,在模型线上固定若干夹管用的铁桩,根据模型焊制钢梁,这样既标准又便利,钢架采用上、下两层镀锌管,中间焊接三角形圆钢支撑柱,上层受力大用 3.96 厘米钢管,下层用 3.3 厘米钢管,焊好待用。

(5)前缘埋设钢梁预埋件　在日光温室前缘按设计宽度东西向砌直并垂直于日光温室栽培面,夯实地基,东西向每隔 1.5 米(与后立柱对齐)埋设 1 个预埋件,以备安装时焊接钢梁用。

(6)焊接立柱　用直径为 8.25 厘米的钢管作立柱,在栽培面以上 5.3 米东西向每隔 1.5 米焊接 1 根在立柱基座上,焊接时向北倾斜 5°,加大支撑后坡的压力与重力,立柱上端顺前坡方向焊接 7 厘米长的 5 厘米×5 厘米角铁 1 块。

(7)制后坡上棚架　截取 1 米长的 5 厘米×5 厘米角铁 1 根在立柱顶端向下 0.9 米处南北焊接,南端焊在立柱上,北端焊在后墙预埋件上;再截取 1 根 1.8 米长的 5 厘米×5 厘米角铁,上端焊在立柱顶端,下端焊接在后墙预埋件上,后坡形成等腰三角形(即后坡角度为 45°);在顺东西向沿立柱上端外侧,焊接 1 根 5 厘米×5 厘米角铁,东西两端焊接于两山墙预埋件上,以此向下在 1.8 米长的角铁上等间距焊接 2 根相同的角铁。后坡焊好后即可上拱梁,拱梁南北向后端焊接于立柱顶端 5 厘米×5 厘米角铁上,下缘焊于立柱上,前端焊接于前墙预埋件上。注意一定要使钢梁向下垂直地面,南北向垂直于后墙。

(8)拉钢丝　拉钢丝的方法同六立柱 114 型日光温室。

(9)上后坡　在北纬 34°～38°地区,后坡保温采用 10 厘米厚聚氨酯泡沫板,长度以上端扣在上部角铁内,下部放在后墙顶部为宜。为节约建棚费用,在北纬 34°以南地区,由于天气较暖,保温板可适当薄一些,而在纬度 38°以北地区要加厚。保温板铺好后放一层钢网、水泥预制板 10 厘米厚,也可用水泥板替代预制板,但是水泥板易开裂不利于防水。

(10)上棚膜和上草苫　膜下垫杆捆扎,上棚膜和上草苫同六立柱 114 型日光温室。

三、日光温室保温覆盖形式

(一)日光温室保温覆盖的主要方法

1. 塑料薄膜(浮膜)＋草苫＋日光温室薄膜　简称"两膜一苫"覆盖形式,在山东省寿光市通称"日光温室浮膜保温技术"。浮膜覆盖是日光温室深冬生产冬瓜时,傍晚放草苫后在草苫上面盖上一层薄膜,周围用装有少量土的编织袋压紧。浮膜一般用聚乙烯薄膜,幅宽相当于草苫的长度,浮膜的长度相当于日光温室的长度,厚度为 0.07～0.1 毫米。

该覆盖形式有以下优点:①保温效果好,深冬夜间温室内温度盖浮膜的比不盖的高出 2℃～3℃。②草苫得到保护,盖浮膜的日光温室比不盖的草苫能延长使用 1～2 年。③减轻劳动强度,过去在冬季夜晚,如果遇到雨雪天气,都要冒雨、冒雪到日光温室上把草苫拉起,防止雨水淋湿草苫或雪无法清除,如果盖上浮膜后再遇到雨雪天,可放心在家休息。

目前,浮膜大都是普通的塑料膜,保温性能较差。寿光市的菜农在实践中发现一种"有色"浮膜,其浮膜正面为黑色,反面为白色,用起来效果很好,其优点是:太阳出来后,吸热快,浮膜上的霜冻融化得也快,能较早揭开草苫,增加温室内的光照时间,提高温室温度,有利于冬瓜的生长。另外,该膜要比一般棚膜厚,抗拉性强,耐老化,价格也不是很贵。

此项技术起源于三元朱村,在寿光市科技人员的努力下,得到了很好的推广,目前有 90％的日光温室用上了这项技术。

2. 塑料薄膜(浮膜)＋草苫＋日光温室薄膜＋保温幕　该覆盖形式是在"两膜一苫"覆盖形式的基础上,在日光温室内再增加一层活动的薄膜棚,利用两层农膜把温室内热量积聚起来,不易散

发,从而提高保温性能,可较单一的"两膜一苫"覆盖形式提高温度
3℃~5℃。这种保温覆盖形式主要用于深冬季节,特别是出现连
续阴雪天气时,其他季节一般不用。在山东寿光地区该覆盖形式
通称"棚中棚"。"棚中棚"具体建造方法是:在温室内吊蔓钢丝的
上部再覆上一层薄膜,薄膜覆上后用夹子将其固定;在日光温室前
端距棚膜 50 厘米处,顺应日光温室膜的走向设膜挡住;在日光温
室后端、种植作物北边,上下扯一层薄膜,其高度与上部膜一致,该
膜不固定,以便于通风排湿。

"棚中棚"的管理与温室一样,晴天拉开草苫,当温室内温度不
再明显下降时,要及时拉开二层内棚,寒流过后可把内棚全放开,
以增加光照。"棚中棚"在管理中应注意早晨不宜过早通风,要在
温室内见光 1 小时后考虑通风,一是增加光合作用强度,提高温室
内二氧化碳利用率,使光合作用能顺利进行;二是晚通风,升温快,
能降低温室内空气相对湿度,达到减轻病害的目的。在连续阴雨
雪天时,温室内以保温为主,可不通风,但天气突然放晴时,要注意
拉花帘缓慢通风,以免植株适应不了外界条件而出现萎蔫的情况,
从而发生死棵现象。

3. 日光温室前脸设置三幅保温膜　在深冬季节,如何有效地
进行温室保温呢? 寿光市有经验的菜农在温室内设置了第二层膜
("棚中棚"),效果良好。可是,温室前脸处由于没有墙体的保护,
到了夜间,易与外界空气和土层发生热量交换,使得该处降温幅度
较大,不利于冬瓜秧苗的正常生长。在温室前脸处设置 3 幅保温
膜,很好地解决了保温问题。

第一幅膜:设置在最靠近温室前脸棚膜处,两者间距 10 厘米
左右。第一幅膜采用幅宽为 1.6 米的白色地膜。在温室前脸处,
先东西向拉一根细钢丝,注意要在垫杆下方。而后将薄膜的上边
缘用胶带粘在钢丝上,上下拉紧后,用土将其下边缘压住。该膜的
作用,一是可阻隔顺着棚膜流淌下的水滴蒸发,降低温室内湿度;

二是形成隔层,减少温室内外的热量交换。

第二幅膜:设置位置在第一幅的内侧,两者之间同样间隔 10 厘米左右。该幅膜与温室内的二膜一并设置,二膜即设置在温室内吊蔓钢丝上的保温膜。同样,温室前脸处的二膜直接依次固定在南北向吊蔓钢丝上,其下边缘也用土压住即可。设置好温室内二膜以后,冬瓜秧苗就相当于处在一间平房内,从而增强了保温性。

第三幅膜:该膜处在二膜的内侧,为了设置方便,需用竹条搭设拱架,即竹条一头插在土里,另一头弯向北侧,最后捆绑在温室内立柱上。待竹条搭设好,便可在其上覆盖第三幅保温膜,上边缘用胶带粘,下边缘用土压。第三幅膜最好做成活动式的,白天可撤下以提高温度,夜间覆上保温。三幅保温膜具体设置方法见图1-4。

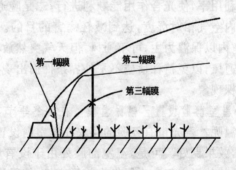

图1-4　日光温室前脸设置3幅保温膜图示

(二)棚膜的选择

目前,日光温室的覆盖材料主要是塑料薄膜,其中最常用的棚膜按树脂原料可分为 PVC(聚氯乙烯)薄膜、PE(聚乙烯)薄膜和EVA(乙烯-醋酸乙烯)薄膜 3 种。这 3 种棚膜的性能不同,PVC棚膜保温效果最好,易粘补,但易污染,透光率下降快;PE 棚膜透光性好,尘污易清洗,但保温性能较差;EVA 棚膜保温性和透光率介于 PE 和 PVC 棚膜之间。在实际生产中,为增加棚膜的无滴性,常在树脂原料中添加防雾剂,PVC 棚膜和 EVA 棚膜与防雾剂的相容性优于 PE 棚膜,因而无滴持续时间较长。据调查,目前我国生产的 PE 多功能膜的无滴持续时间一般为 2～4 个月,PVC 和 EVA 棚膜可达 4～6 个月。当前,PE 棚膜应用最广,数量最大,其次是 PVC 棚膜,EVA 棚膜也开始试用。

生产中按薄膜的性能、特点,棚膜又分为普通棚膜、长寿棚膜、无滴棚膜、长寿无滴棚膜、漫反射棚膜和复合多功能棚膜等。其中普通棚膜应用最早,分布最广,用量最大;其次是长寿棚膜和无滴棚膜。近年来,长寿无滴棚膜也有了较快的发展。目前我国生产的棚膜主要有以下几种。

1. PE(聚乙烯)普通棚膜　这种棚膜透光性好,无增塑剂污染,尘埃附着轻,透光率下降缓慢,耐低温(脆化温度为－70℃);密度小(0.92 克/厘米³),相当于 PVC 棚膜的 76%,同等重量的 PE 膜覆盖面积比 PVC 膜增加 24%;红外线透过率高达 87%～90%,夜间保温性能好,且价格低。其缺点是透湿性差,雾滴重;不耐高温日晒,弹性差,老化快,连续使用时间通常为 4～6 个月。日光温室上使用基本上每年都需要更新,覆盖日光温室越夏有困难。PE普通棚膜厚度为 0.06～0.12 毫米,幅宽有 1 米、2 米、3 米、3.5米、4 米、5 米等规格。

2. PE 长寿(防老化)棚膜　在 PE 膜生产原料中,按比例添加紫外线吸收剂、抗氧化剂等,以克服 PE 普通棚膜不耐高温日晒、易老化的缺点。其他性能特点与 PE 普通膜相似。PE 长寿棚膜是我国北方高寒地区温室越冬覆盖较理想的棚膜,使用时应注意减少膜面积尘,以保持较好的透光性。PE 长寿膜厚度一般为0.12 毫米,宽度规格有 1 米、2 米、3 米、3.5 米等,可连续使用18～24 个月。

3. PE复合多功能膜 在PE普通棚膜中加入多种特异功能的助剂,使棚膜具有多种功能。如北京塑料研究所生产的多功能膜,集长寿、全光、防病、耐寒、保温为一体,在生产中使用反映效果良好。在同样条件下,其夜间保温性比普通PE膜提高1℃~2℃,每667平方米温室使用量比普通棚膜减少30%~50%。复合多功能膜中如果再添加无滴功能,效果将更为全面突出。PE复合多功能膜厚0.06~0.08毫米,幅宽有1米、1.5米、2米、4米、8米等规格,有效使用寿命为12~18个月。

4. PVC(聚氯乙烯)普通棚膜 透光性能好,但易粘吸尘埃,且不容易清洗,污染后透光性严重下降。红外线透过率比PE膜低(约低10%),耐高温日晒,弹性好,但延伸率低。透湿性较强,雾滴较轻;比重大,同等重量的覆盖面积比PE膜小20%~25%。PVC膜适于作夜间保温性要求高的地区和不耐湿作物设施栽培的覆盖物。PVC普通棚膜厚度为0.08~0.12毫米,幅宽有1米、2米、3米等规格,有效使用期为4~6个月。

5. PVC双防膜(无滴膜) PVC普通棚膜原料配方中按一定配比添加增塑剂、耐候剂和防雾剂,使棚膜的表面张力与水相同或相近,薄膜下面的凝聚水珠在膜面可形成一薄层水膜,沿膜面流入温室底部土壤,不至于聚集成露滴久留或滴落。由于无滴膜的使用,可降低温室内的空气相对湿度;露珠经常下落的减少可减轻某些病虫害的发生。更值得一提的是,由于薄膜内表面没有密集的雾滴和水珠,避免了露珠对阳光的反射和吸收,增强了温室光照,透光率比普通膜高30%左右。晴天升温快,每天低温、高温、弱光的时间大为减少,对设施中作物的生长发育极为有利。但透光率衰减速度快,经高强光季节后,透光率一般会下降至50%以下,甚至只有30%左右;旧膜耐热性差,易松弛,不易压紧。同时,PVC无滴棚膜与其他棚膜相比,密度大,价格高。PVC双防膜厚度为0.12毫米,幅宽有1米、2米、3米等规格,有效使用期8~10个月。

6. EVA 多功能复合膜　这是针对 PE 多功能膜雾度大、流滴性差、流滴持效时间短等问题研制开发的高透明、高效能薄膜。其核心是用含醋酸乙烯的共聚树脂,代替部分高压聚乙烯,用有机保温剂代替无机保温剂,从而使中间层和内层的树脂具有一定的极性分子,成为防雾滴剂的良好载体,流滴性能大大改善,雾度小,透明度高,在日光温室上应用效果最好。EVA 多功能复合膜厚度为 0.08~0.1 毫米,幅宽有 2 米、4 米、8 米、10 米等规格。

(三)对草苫的要求及草苫的覆盖形式

1. 对草苫的要求

(1)草苫要厚　一般成捆的草苫平均厚度应不小于 4 厘米。

(2)草苫要新　新草苫的质地疏松,保温性能比较好,陈旧草苫质地硬实,保温效果差,不宜选用。另外,要选新草编制的草苫,不要选用陈旧或发霉的草编制草苫。

(3)草苫要干燥　干燥的草苫质地疏松,保温性好,便于保存,而且重量轻,也容易卷放。

(4)草苫的密度要大　草苫密度大的保温性能好,最好用人工编制的草苫,不要用机器编制的草苫,机器编制的草苫多比较疏松,保温性差,也容易损坏。

(5)草苫的经绳要密　经绳密的草苫不容易脱把、掉草,草把间也不容易开裂,草苫的使用寿命长,保温性能也比较好。一般幅宽为 1.2 米的草苫,其经绳道数应不少于 8 道。

2. 草苫的覆盖形式　日光温室覆盖草苫,一般采用"品"字形覆盖法,即在覆盖草苫时,在温室棚面上呈"品"字形摆放,其中两个草苫在下,中间预留 30~40 厘米的空隙,待底层草苫覆盖完毕后,再在每两个草苫中间加盖 1 个草苫,以增强温室的整体保温效果。此法覆盖草苫,既方便人工拉放草苫,又适合使用卷帘机拉放草苫。

传统的草苫覆盖法,多为上面草苫压盖下面草苫,除了保温效果不及"品"字形覆盖法外,而且由于传统覆盖法是将草苫连接在一块,两个草苫之间重合面积小,一旦遇到大风,还易被逐个刮起。另外,传统覆盖法仅适合于人工拉放单个草苫,不适合使用卷帘机整体拉放草苫(卷帘机通过卷杆把所有草苫一块上卷,草苫采用传统覆盖法覆盖,使用卷帘机拉起后,易出现倾斜,危险系数增大)。

草苫"品"字形覆盖法的具体操作流程可分为以下几步:第一步,布设固定钢丝。为了防止草苫下滑脱落,需在温室后墙上缘东西方向布设一条固定钢丝,将草苫一头固定在钢丝上。具体方法是:先在温室后墙的东西两侧埋设深50厘米的地锚,然后把钢丝一头拴在地锚扣上,另一头再用紧线机拉紧即可。第二步,摆放草苫。根据温室的长度和草苫的规格,确定使用草苫的数量。而后把所有草苫一一摆放在温室的后墙上待用。在一般情况下,宽度约1.6米的新草苫,两个成年人从温室东墙或西墙上便可将草苫抬放到温室后墙上。若使用2.5~3米宽的加宽草苫,这种草苫较重,不便于人工抬放,可以使用小型吊车,从温室的后面一一将草苫吊放上去。第三步,覆盖草苫。在草苫按照顺序摆放到温室后墙上后,先用铁丝将草苫的一头固定在东西方向的钢丝上,再一一把草苫沿着棚面滚放下来,呈"品"字形摆放。假若人工拉放草苫,宜提前把拉绳放在草苫下面;若使用卷帘机拉放草苫,在草苫摆放调整好后,将其下端固紧在卷杆上,而后开动卷帘机,试验一下拉放效果。若草苫出现倾斜,应先停止卷帘机,再进行调整,以防止发生意外事故。

3. 草苫的揭盖管理　草苫的揭盖直接关系到日光温室内的温度和光照。在揭盖管理上,应掌握在上午揭草苫的适宜时间,以有直射光照射到前坡面,揭开草苫后温室内气温不下降为宜。盖草苫的时间,原则上在日落前温室内气温下降至15℃~18℃时覆盖。正常天气掌握在上午8时左右揭,下午4时左右盖。一般雨雪天,温室内气温不下降就要揭开草苫。大风雪天,揭草苫后温室内温度明显下降,可不揭开草苫,但中午要短时揭开或随揭随盖。连续阴天时,尽管揭苫后温室内气温下降,仍要揭开草苫,下午要比晴天提前盖草苫,但不要过早。连续阴天后的转晴天气,切不可猛然全部揭开草苫,应陆续间隔揭开;中午阳光强时可将草苫暂时放下,至阳光稍弱时再揭开。雪天及时清扫草苫上的积雪,以免化雪后将草苫浸湿。在最寒冷天气,夜间温室内最低温度出现 10℃以下的低温时,应在草苫上再加盖一层旧薄膜或一层草苫,前窗加围苫。

四、寿光日光温室的主要配套设施

(一)顶风口

1. 顶风口的设置 日光温室前屋面的上面留出一条长宽约 50 厘米的通风带,通风带用一幅宽为 1~1.5 米的窄膜单独覆盖。窄幅膜的下边要折叠起一条缝,缝边粘住,缝内包一根细钢丝,上膜后将钢丝拉直。包入钢丝的主要作用,一是通风口合盖后,上下两幅膜能够贴紧,提高保温效果;二是开启通风口时,上、下拉动钢丝,不损伤薄膜;三是上、下拉动通风口时,用钢丝带动整幅薄膜,通风口开启的质量好,工效也高。

2. 通风滑轮的应用 过去的日光温室覆盖的棚膜为一个整体,通风时要一天几次爬到温室屋顶上去,既增加了劳动强度,又不安全;而通风滑轮的应用是 1 个日光温室上覆盖大、小两块棚膜,通过滑轮和绳索调节通风口的大小,既节约时间,又安全省事。

安装方法:将定滑轮 A 和 B 固定在窄幅膜下的温室棚架下方(在膜下面),定滑轮 C 固定在宽幅膜下的棚架上(在膜上面)。为保护棚膜,可把定滑轮 C 固定在压膜线上,把通风绳、闭风绳的一端均拴在窄幅膜下边的细钢丝上,最后将通风绳绕过定滑轮 A、闭风绳依次绕定滑轮 B 和定滑轮 C 即可。通风时,拉动通风绳;闭风时,拉动闭风绳。平常为了预防通风口扩大或缩小,可把两绳拉紧,系在温室内的立柱或钢丝上(图 1-5)。

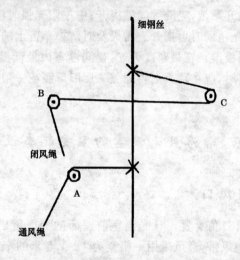

图 1-5　通风滑轮安装图示

3. 顶风口处设挡风膜　在冬季,尤其是深冬期,在日光温室通风口处设置挡风膜是非常必要的。其好处:一是可以缓冲温室外冷风直接从风口处侵入,避免冷风扑苗;二是因通风口处的棚膜多不是无滴膜,流滴较多,设置挡风膜可以防止流滴滴落在下面的冬瓜叶片上。在夏季,挡风膜可阻止干热风直接吹拂在冬瓜叶片上,减轻病毒病的发生。

挡风膜设置简便易行,就是在日光温室顶风口下面设置一块膜,长度和温室长相等,宽为 2 米,拉紧扯平,固定在日光温室的立柱和竹竿上,固定时要把挡风膜调整成北低南高的斜面,以便使挡风膜接到的露水顺流到日光温室北墙根的水渠内。挡风膜的设置位置如图 1-6 所示。

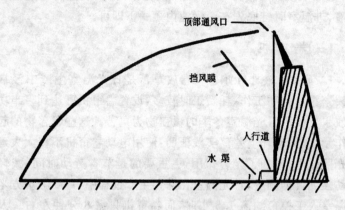

图 1-6　挡风膜的设置图示

挡风膜的安装方法是：将宽度为 2 米的挡风膜的两侧用粘膜机粘一个 2～3 厘米的"布袋"，然后上侧"布袋"中穿一根比温室长出 6～8 米的钢丝，在通风口下南边 30～40 厘米的地方，将钢丝固定在温室两头外侧的地锚上，用紧线机抻紧。接着，每隔 15 米使用铁丝将缓冲膜的钢丝与棚面上的钢丝或拱杆固定一下，防止缓冲膜中间下垂。缓冲膜下部使用与温室长度等长的钢丝，穿在缓冲膜"布袋"内抻紧，固定在温室内后侧的立柱上即可。

(二)消毒池

近年来，日光温室土传病害越来越严重，其中人为传播是重要原因。因为生产人员鞋底所带的病菌进温室后即可成为病原，引起土传病害的暴发，所以菜农在帮工时所穿的鞋若不注意杀菌消毒，会造成土传病害的传播。

寿光菜农在温室门口设置的消毒池，可对进入人员的鞋底进行消毒。消毒池的设置方法为：在温室门口设置一个长为 50 厘米、宽为 40 厘米、深为 5～8 厘米的池子,池内放置高锰酸钾等消毒液,进温室时鞋底先在消毒池内蘸一下即可。

(三)卷帘机

1. 安装卷帘机的好处 卷放草苫是日光温室生产中经常而又较繁重的一项工作,耗费工时较多,设置卷帘机可达到事半功倍之效果。传统日光温室冬季的覆盖物为草苫。这些覆盖物的起放工作量大、劳动环境差。实践证明:使用电动卷帘机不仅大大延长了光照时间,增加了光合作用,更重要的是节省劳动时间,减轻了劳动强度。据调查,日光温室在深冬生产过程中,每 667 平方米日光温室人工控帘约需 1.5 小时,而卷帘机只需 8 分钟左右。太阳落山前,人工放帘需用 1 小时左右。由此看来,每天若用卷帘机起放草苫,比人工节约近 2 小时的时间,同时延长了室内宝贵的光照时间,增加了光合作用时间。另外,使用电动卷帘机对草苫保护性好,延长了草苫的使用寿命,既降低生产成本,同时因其整体起放,其抗风能力也大大增强。

目前,寿光市 80% 的日光温室安装了卷帘机。

2. 日光温室卷帘机类型 目前使用的卷帘机有两大类型:一种是屈臂式,包括主机、支撑杆、卷杆三大部分,支撑杆由立杆和横杆构成,立杆安装在日光温室前方地桩上,横杆前端安装主机,主机两侧安装卷杆,卷杆随温室棚体长短而定;另一种是轨道式,包括主机、三相电动机、轨道大架、吊轮支撑装置、卷杆等构成。主机两侧安装卷杆,卷杆随温室棚体长短而定。

3. 屈臂式卷帘机安装步骤

第一步,预先焊接各连接活结、法兰盘到管上。根据温室长度确定卷杆强度(一般 60 米以下的温室用直径 60 毫米高频焊管、壁厚 3.5 毫米;60 米以上的温室,除两端各 30 米用直径 60 毫米管外,主机两侧用直径 75 毫米、壁厚 3.75 毫米以上的高频焊管)和长度;焊接卷杆上的间距用一根 0.5 米长、高约 3 厘米的圆钢。立杆与支撑杆的长度和强度:在机头与立杆支点在同一水平的前提下,立杆和支撑杆长度的总和等于温室内跨度加 5 米,支撑杆长度比立杆短 20~30 厘米;长度超过 60 米的日光温室一般支撑杆需用双管(图 1-7)。

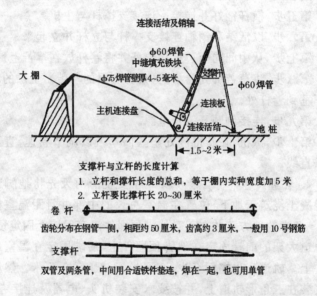

图 1-7　屈臂式卷帘机安装示意

第二步,草苫或保温被准备。草苫要求厚度均匀,长短一致,垂直固定于卷杆之上,并按"品"字形排列。注意草苫两边交错量要保持一致,若新旧草苫混用时一定要相间排列,尽量做到其左右对称,以免草苫卷动不同步和整体跑偏。

第三步,铺设拉绳。拉绳的作用是用来减轻卷帘机自身重量和卷动作用力对草苫的不良影响。拉绳的合理使用直接关系着草苫的使用寿命和机器的同步与跑正,拉绳的一端固定于温室顶地锚钢丝上,另一端固定于温室下卷帘机的卷轴上,要求每条拉绳工作长度及松紧度保持一致,统一标准。

第四步,在温室前约正中间,距温室 1.5～2 米处作立杆支点,用直径 60 毫米、长 80 厘米左右焊管与立杆进行"T"形焊接作为底座立在地平面,并在底座南侧砸 2 根圆钢以防止往南蹬走。

第五步,横杆铺好并连接。连接支撑杆与主机。

第六步,以活结和销轴连接支撑杆与立杆并立起来。

第七步,从中间向两边连接卷杆并将卷杆放在草苫上。

第八步,将草苫绑到卷杆上(只绑底层的草苫),上层的草苫自然下垂到卷杆处。

第九步,连接倒顺开关及电源。

第十步,试机,在卷得慢处垫些旧草苫以调节卷速,直至卷出一条直线。

4. 轨道式卷帘机安装步骤 在安装前两天先将地脚预埋件用混凝土浇筑于地下,位置在温室总长的中部并且距温室棚面前方 2～3 米的地方。并在正对地脚预埋件温室后墙上固定预埋件。将轨道大架的前端固定在地脚预埋件上,后端固定在温室后墙预埋件上。轨道高出棚面至少 70 厘米,一般 1～1.5 米。然后将机头安装在三角形轨道上,并按要求安装机头、电器及连接卷轴(图1-8)。草苫的铺放和试机等同屈臂式卷帘机。

5. 操作方法 由下往上卷帘时,将开关拨到"顺"的位置,卷帘到预定位置时,将开关拨回"关"的位置。由上往下放帘时,将开关拨到"倒"的位置,放帘到预定位置时,将开关拨回"关"的位置。如遇停电,可将手摇柄插入手摇柄插孔进行人工摇动。顺时针摇动向上卷帘,逆时针摇动则向下放帘。

(四)棚膜除尘条

日光温室棚膜上的水滴、碎草、尘土等杂物会使透光率下降

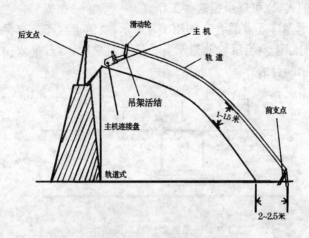

图1-8　轨道式卷帘机安装示意

30％左右。新薄膜在使用过程中,随着使用时间的延长温室内光照会逐渐减弱。因此,要经常清扫,保持棚膜洁净,以增加棚膜的透明度。寿光市菜农在棚膜上设"除尘条"擦拭棚膜的方法简便易行,除尘条随风飘动,自动擦净棚膜,很有推广价值。

除尘条设置的方法是:在新上棚膜的日光温室上每隔1.2米设置一条宽6～10厘米、比棚膜宽度长0.5～1米的布条,两头分别系在温室上部通风口和温室前裙的压膜线上,利用风力使布条摆动除尘,这样布条不会对棚膜造成划伤。

由于布条中间摆幅最大,除尘率可达80％以上,两头摆幅最小,除尘率不足50％,所以菜农还要及时利用抹布将温室南北两端棚膜上的尘土擦去。

(五)温室运输车

一个日光温室要运出几万千克蔬菜,过去靠一次几十千克地往外提,工作量很大。如果安装一个运货的滑轮吊车,即使一个力气平常的人,也可以承担这些工作。

1. 运输车工作原理　如图1-9所示,轨道运输车是在温室后部的人行道上空沿滑轮轨道运行。运载重物时,通过推或拉达到运输重物的目的。

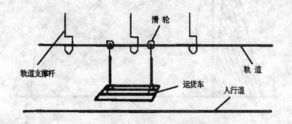

图1-9　日光温室运输车安装示意

2. 使用材料　滑轮直径6厘米,必须用钢材做。经过试验,使用铸铁或塑料做的滑轮,承重力小,使用寿命短。滑轮与框架的连接件使用钢筋和钢管,钢筋直径1厘米,长20～30厘米。钢管内径25～30毫米,长100厘米,钢管与框架用钢筋电焊连接。滑轮转轴与钢管之间用钢筋电焊连接。运输车的框架可用内径15～20毫米的钢管,也可用4厘米×4厘米的角钢。四边框用电焊连接。框架中间再焊接2根钢管或角钢。也可不用框架,将连接滑轮两钢管均缩短至50厘米,并在两钢管下缘焊接一横向钢管,在横向钢管下部焊接直径1厘米的钢筋挂钩。

轨道可设置单轨和双轨两种,单轨道用24号钢丝、双轨道用20号钢丝。轨道支撑杆由钢丝和窄钢板组成,钢丝型号为20号、窄钢板厚度为0.5厘米、宽3～4厘米、长40厘米左右,加工成"凵"形状。

3. 轨道安装　轨道需要吊在温室内后部人行道处的空中,与温室后墙的水平距离为35厘米,与地面的距离为200厘米。钢丝穿过温室两山墙,两端固定在附石(地锚)铁丝上,然后用紧线机紧好并固定牢靠。每间温室设置一轨道支撑杆,支撑杆由钢丝和"乚"钢板两部分组成,"乚"钢板较长端固定在钢丝上,另一端焊接在轨道下缘,且"乚"钢板两边要与轨道垂直,使滑轮正好从"乚"中间通过。钢丝的另一端固定在温室后坡支架上。将滑轮和框架安装在轨道上即可使用。

4. 使用年限　在正常情况下,日光温室轨道运输车可使用10～20年。

(六)阳 光 灯

因冬季光照弱、时间短,9 000～20 000勒克斯光照时数每天仅有6～7小时,而冬瓜要求10小时以上,才能达到最佳产量状态,所以,光照不平衡已成为当今制约日光温室冬春茬冬瓜高产优质的主要因素。为了解决日光温室增产问题,寿光市引进了阳光灯技术,解决了冬季日光温室因光照不足造成的弱秧低产问题。

1. 阳光灯增产的原理　①促使冬瓜长根和花芽分化。冬季冬瓜常见的不良症状是龟缩头秧、徒长、茎细节长花弱、落花落果、畸形僵果、小叶、叶凋等,均系温度低和光照弱引起的病症。靠太阳光自然调节,少则十天半个月,多则1～2个月,才能缓解温度低带来的问题,严重影响产量和效益。在日光温室内安装阳光灯,其中的红、橙光促使冬瓜扎深根,蓝、紫光促进花芽分化和生长,作物无障碍生育,增产幅度可达1～3倍。冬瓜有深根长果实、浅根长叶蔓的习性,补光长深根还可达到控秧促根、控蔓促果的效果。②提高冬瓜秧的抗病、增产和优质作用。高产栽培十要素的核心是防病。种、气、土是病菌的载体;水、肥是病菌的养料;温度、密植是环境,惟有光是抑菌灭菌,增强植物抗逆性的生态因素。如果日光温室内温度提高2℃,湿度下降5%左右,光照强度增加10%,病菌特别是真菌可减少87%,因此冬季温室内消除病害,升温降湿,补光提高植物体含糖度,增强耐寒、耐旱及免疫力,是抑菌防病最经济实惠的办法;还能减少用药、用工等开支和产品污染程度,有利于生产无公害绿色食品。③延长日光温室作物光合作用效应。日光温室多在冬季应用,早上光适温低,下午温室西墙挡光,每天浪费掉 30~60 分钟的自然适光,日光温室建筑方位只能坐北向南,偏西 5°~9°。补光生产冬瓜,日光温室可建成坐北向南偏东,太阳一出来,作物可很快进入光合作用适温和适光环境。下午气温在 15℃~20℃时,打开阳光灯补光 1~3 个小时,每天能将 5~7 个小时的适宜光合作用条件延长 1~3 个小时,增产幅度可提高 20% 以上。

2. 阳光灯的安装 ①阳光灯配套件为 220V/36W 灯管,配相应倍率的镇流器灯架,每天在无光时可照射 17 平方米面积,弱光时可照射 30~60 平方米。灯管布局以温室内光的照度均匀为准,灯距被照射植株的高度以 1.5~2 米为宜。因太阳光受云层影响,时弱时强,冬瓜需光强度为 1 万~7 万勒克斯,苗期和生育期有别。安装时,每个阳光灯都设开关,以便根据生物生长需求和当时光强度进行调节。②用 220V、50Hz 电源供电,电源线与灯总功率匹配。电源线用铜线,直径不小于 1.5 毫米,接头用防水胶布封严。

3. 应用方法 ①育苗期,上午 7~9 时和下午 4~6 时开灯,与太阳光一并形成 9~11 小时的光照,培育壮苗。②在连阴雨天全天照射,可避免根萎秧衰。③结果期早上或下午室温在 15℃ 以上,但光照强度在 9 000~20 000 勒克斯以下时,便可开灯补光。

(七)反 光 幕

在日光温室栽培畦北侧或靠后墙部位张挂反光幕,有较好的增温补光作用,是日光温室冬季生产或育苗所必需的辅助设施。

1. 反光幕应用效果 ①可明显增加温室内的光照强度,可增加光照 5 000 勒克斯,尤以冬季增光率更高。张挂反光幕的实践

表明,反光幕前 0～3 米,地表增光率由近及远为 44.5%～9.1%,
60 厘米空中增光率由高至低为 40.0%～9.2%。反光幕的增光率
随着季节的不同而有差异,在冬季光照不足时增光率大,春季增光
率较小;晴天的增光率大,阴天的增光率小,但也有效果。②可提
高气温和地温。反光幕增加光照强度,明显地影响着气温和地温,
反光幕 2 米内气温提高 3.5℃,地温提高 1.9℃～2.9℃。③育苗
时间缩短,秧苗素质提高,同品种、同苗龄的幼苗株高、茎粗、叶片
数均有增加。④改善了温室内小气候,增强了植株的抗病能力,减
少农药使用及污染。⑤张挂反光幕日光温室的冬瓜产量、产值明
显增加,尤其是冬季和早春增效更明显。

2. 反光幕的应用方法　每 667 平方米温室用量为 200 平方
米。张挂镀铝聚酯膜反光幕的方法有单幅垂直悬挂法、单幅纵向
粘接垂直悬挂法、横幅粘接垂直悬挂法和后墙板条固定法 4 种。
生产上多随日光温室走向,面朝南,东西延长,垂直悬挂。张挂时
间一般在 11 月末至翌年 3 月。最多延至 4 月中旬。张挂步骤如
下(以横幅粘接垂直悬挂法为例):使用反光幕应按日光温室内的
长度,用透明胶带将 50 厘米幅宽的 3 幅聚酯镀铝膜粘接为一体。
在日光温室中柱上由东向西拉铁丝固定,将幕布上方折回,包住铁
丝,然后用大头针或透明胶布固定,将幕布挂在铁丝横线上,使幕
布自然下垂,再将幕布下方折回 3～9 厘米,固定在衬绳上,将绳的
东西两端各绑竹棍一根固定在地表,可随太阳照射角度水平北移,
使其幕布前倾 75°～85°。也可把 50 厘米幅宽的聚酯镀铝膜按中
柱高度剪裁,一幅幅紧密排列并固定在铁丝横线上。150 厘米幅
宽的聚酯镀铝膜可直接张挂。

3. 注意事项

第一,定植初期,靠近反光幕处要注意浇水,水分要充足,以免
光强温高造成灼苗。使用的有效时间为 11 月至翌年 4 月。对无
后坡日光温室,需要将反光幕挂在北墙上,要把镀铝膜的正面朝

阳,否则膜面离墙太近,易因潮湿造成铝膜脱落。每年用后,最好经过晾晒再放于通风干燥处保管,以备再用。

第二,反光幕必须在保温达到要求的日光温室才能应用。如果温室保温不好,白天只靠反光幕来提高温室内的气温和地温虽然有效,但夜间难免受到低温的损害。因为反光幕的作用主要是提高温室后部的光照强度和昼温,扩大后部昼夜温差,从而把后部的增产潜力挖掘出来。

第三,反光幕的角度、高度需要随季节、冬瓜生长情况等进行适当的调整。日光温室早春茬冬瓜定植多在12月至翌年1月份,此时植株矮小、地温低、影响缓苗,使用反光幕主要起到提高地温、促进缓苗的作用。冬季太阳高度角小,悬挂的反光幕一般较矮,贴近地面,以垂直悬挂或略倾斜为主。在冬瓜植株长高后,植株叶片对光照的要求增加,尤其是早、晚光照较弱时,反光幕主要起到提高光合作用的目的。此时植株高、太阳高度角变大,悬挂反光幕也需要适当调整,反光幕底部位置提高到植株顶点附近,角度以底部略向南倾斜为宜,以保证上午 8:30~9:00 反射光线基本与地面水平为好。一般情况下,反光幕与地面应保持在 75°~85°角。进入 4 月份以后,随着气温逐步回升,光照充足,制约深冬冬瓜生长的光照不足、气温偏低的问题已不存在,晴天时甚至会出现光照过强、温度过高的问题,此时反光幕也已完成了其使命,应及时撤掉。

(八)防 虫 网

防虫网覆盖栽培是一项能提高产量的实用环保型农业新技术。通过覆盖在温室棚架上构建人工隔离屏障,将害虫拒之网外,切断害虫(成虫)繁殖途径,有效控制各类害虫,如菜青虫、菜螟、小菜蛾、蚜虫、跳甲、甜菜夜蛾、美洲斑潜蝇、斜纹夜蛾等的传播以及预防病毒病传播的危害,确保大幅度减少菜田化学农药的施用,使产出的冬瓜优质、卫生,为发展生产无污染的绿色农产品提供了强有力的技术保证。

1. 防虫网种类　防虫网是一种采用添加防老化、抗紫外线等化学助剂的聚乙烯为主要原料,经拉丝制造而成的网状织物。它与塑料布等覆盖物的不同之处在于网目之间允许空气通过,但能将昆虫阻隔于外界。防虫网的规格主要包括幅宽、丝径、颜色、网孔密度等内容。幅宽通常为1~1.8米,最大幅宽为3.6米;丝径范围是0.14~0.18毫米;颜色有白色、银灰色、黑色等,但以白色为多。如果为了加强遮光效果,可选用黑色或银灰色的防虫网避蚜虫效果更好。目前,生产上推荐适宜使用的目数是20~40目,以20目、25目、32目最为常用。

2. 防虫网的作用

(1)**防虫**　冬瓜覆盖防虫网后,基本上可免除菜青虫、小菜蛾、甘蓝夜蛾、斜纹夜蛾、黄曲跳甲、猿叶虫、蚜虫等多种害虫的为害。据试验,防虫网对菜青虫、小菜蛾、美洲斑潜蝇防效为94%~97%,对蚜虫防效为90%。

(2)**防病**　病毒病是冬瓜的灾难性病害,主要是由昆虫特别是白粉虱传病。由于防虫网切断了害虫这一主要传毒途径,因此可大大减轻冬瓜病毒的侵染,防效为80%左右。

3. 网目选择　购买防虫网时应注意孔径。在冬瓜生产上使用的防虫网以25~40目为宜,幅宽1~1.8米。白色或银灰色的防虫网效果较好。防虫网的主要作用是防虫,其效果与防虫网的目数有关,目数即在25.4毫米见方的范围内有经纱和纬纱的根数,目数越多,防虫的效果越好,但目数过多会影响通风效果。防虫网的目数是关系到防虫性能的重要指标,栽培时应根据防止害虫的种类进行选取。使用防虫网一定要注意密封,否则难以起到防虫的效果。

4. 覆盖形式　因夏季害虫多,日光温室前部和通风天窗最好是安装25～40目的防虫网(图1-10),这样,既有利于通风,又可以防虫。为提高防虫效果,必须注意以下两点:一是全生长期覆盖。防虫网遮光较少,无须日盖夜揭或前盖后揭,应全程覆盖,不给害虫有入侵的机会,才能收到满意的防虫效果。二是土壤消毒。在前茬作物收获后,要及时将前茬残留物和杂草清出温室集中烧毁。全温室喷洒农药灭菌杀虫。

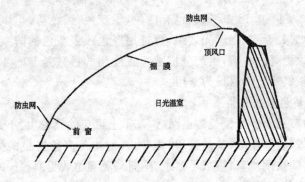

图1-10 日光温室防虫网覆盖方式

(九)遮 阳 网

遮阳网又称遮荫网、遮光网、寒冷纱或凉爽纱,是以聚烯烃树脂作基础原料,并加入防老化剂和其他助剂,熔化后经拉丝编织成的一种轻型、高强度、耐老化的新型网状农用塑料覆盖材料。

1. 遮阳网种类 常用的遮阳网有黑色、银灰色、黄色、蓝色、绿色等多种,以黑色、银灰色最普遍。黑色遮阳网的遮光度较强,适宜酷暑季节覆盖。银灰色的透光性较好,有避蚜和预防病毒的作用,适用于初夏、早秋季节覆盖。

遮阳网一般的幅宽为0.9～2.5米,最宽的达4.3米,目前以1.6米和2.2米幅宽的使用较为普遍。

2. 主要功用

(1)降低温室内气温及地温,改善田间小气候　使用遮阳网可显著降低进入日光温室内的光照强度,有效地降低热辐射,从而降低气温和地温,改善冬瓜生长的小气候环境。一般使用遮阳网可使日光温室内的气温较外界降低2℃～3℃,同时可有效地避免强光照对冬瓜生产的危害。据测定,高温季节可降低畦面温度4.59℃～5℃,在炎热夏天最大降温幅度为9℃～12℃。

(2)改善土壤理化性状　雨季菜地经常变板结,但用遮阳网能保持土壤良好的团粒结构和通透性,增加土壤氧气含量,有利于根系的深扎和生长,促进地上部植株生长,达到增产的目的,还能使雨天直播或育苗的种子出土良好。

(3)遮挡雨水　能防止大暴雨直接冲刷畦面,减少水土流失,保护植株和幼苗叶片完整,提高商品率和商品性状。据测试,采用遮阳网覆盖后,暴雨冲击力比露地栽培减弱98%,降水量减少13.29%～22.83%。

(4)减少土壤水分蒸发　保持土壤湿润,防止畦面板结。据调查,覆盖遮阳网后,土壤水分蒸发量比露天栽培减少60%以上。

(5)避害虫、防病害　据调查,遮阳网避蚜效果达88.8%～100%,对冬瓜病毒病防效为89.8%～95.5%,并能抑制冬瓜多种病害的发生和蔓延。

3. 选用遮阳网的原则　①冬瓜为喜温中、强光性蔬菜,夏秋季生产,根据光照强度选用银灰网或选用黑色SZW-10等遮光率较低的黑色遮阳网;避蚜、防病毒病,最好选用SZW-12、SZW-14等银灰网或黑灰配色遮阳网覆盖。②夏秋季育苗或缓苗短期覆盖,多选用黑色遮阳网覆盖。为防病毒病,亦可选用银灰网或黑灰配色遮阳网覆盖。③全天候覆盖的,宜选用遮光率低于40%的网,或黑灰配色网覆盖。

4. 日光温室覆盖方式　日光温室覆盖是指在温室棚体上覆

盖遮阳网的覆盖方式。覆盖方式主要以顶盖法和一网一膜两种方式为主。顶盖法是指在日光温室的二重幕支架上覆盖遮阳网；一网一膜覆盖方式是指覆盖在日光温室上的薄膜，仅揭除围裙膜，顶膜不揭，而是在顶膜外面再覆盖遮阳网。在寿光地区大多采用一网一膜覆盖方式。

　　遮阳网覆盖栽培的技术原则是：看天、看作物灵活揭盖；晴天时白天盖，夜间揭；阴天时全天不盖。30℃以上温度，一般从上午8时至下午4时覆盖。

(十)温 度 表

　　温度表是日光温室冬瓜生产中必不可少的重要工具，菜农须通过它上面显示的温度来确定关闭通风口、放草苫的时间。一旦上面显示的有误差，对冬瓜管理会造成很大影响。只有正确悬挂才能准确测定温室内温度。

　　1. 确定悬挂的位置　很多日光温室里温度表悬挂的位置很乱，大部分悬挂在温室后通风口下面，还有悬挂在温室前脸处的，这两种做法都是不正确的。悬挂在通风口下面，此处通风时，外界的冷空气进入温室内，直接造成后部温度快速降低，温度变化频繁，极不稳定；还有温室后墙上温度变化快，根本不能准确反映冬瓜生长空间的温度；而悬挂在温室前脸处，此处地温较低，与外界接触面大，散热较快，气温比较低，若温度表悬挂在此，数据也不准确。正确的悬挂位置是在温室中部，此处距离墙体、通风口等容易进风的地方都较远，能显示出准确的温度。

　　2. 温度表悬挂高度要随着冬瓜高度变化　大多数菜农在悬挂上温度表后，一般都不再挪动它，这也是不正确的。温度表的悬挂高度需要随植株高度不断调整，以准确反映植株生长点附近的温度。如果植株高度已超过挂温度表的高度，还不调整温度表的高度，这样温度表就藏在植株顶部之下，测出来的温度就会偏低。

若根据温度表上显示的温度来管理冬瓜的话,冬瓜生长很难正常。因此,温度表应悬挂在植株生长点下 10 厘米处,并要随着冬瓜的生长随时调节温度表悬挂的高度,这样才能测出准确的温度,菜农朋友可据此在生产管理中采取相应的措施。

第二章　冬瓜新优品种选择

一、绿宝冬瓜

【品种来源】　由山西省运城市育成的早熟小型冬瓜一代杂交种。

【特征特性】　主蔓第四至第七节着生第一雌花,以后每隔2～4节着生1个雌花或连续4～5节着生雌花。单株可结瓜3～6个。瓜长椭圆形,长28厘米左右,横径12厘米左右。一般商品嫩瓜单个重1.5～2.5千克,瓜皮青绿色,无白粉霜,具光泽,有绿白斑点,瓜肉白,品质细嫩,商品性好。

【适作茬口】　日光温室反季节栽培。

【栽培要点】　一是栽培方式。采用大小行定植并覆盖地膜。定植的密度为75厘米×40厘米,每667平方米定植2 200株左右。二是环境调控。苗期白天温度控制在25℃～28℃,夜间控制在13℃～16℃。花期白天控制在30℃～33℃,夜间不得低于15℃,否则,会影响授粉坐果。三是肥水管理。定植前每667平方米施腐熟有机肥4 000～5 000千克、过磷酸钙50千克、硫酸钾15千克。定植后,用稀薄粪水浇施2～3次,促其快长。伸蔓期浇1次透水。坐果期,当果实长到拳头大小时,追施坐果肥1次,每667平方米施尿素15千克,可随水膜下渗灌。四是植株调整。定植后25～30天即可理蔓上架,用吊绳吊架,上架后按每20～30厘米用绳绑蔓1次,结合绑蔓去掉侧枝、卷须和多余的雌花。每株可留果2～3个,以增加产量。一般第一个瓜多发育不良,大多选留第二个瓜胎及以上的瓜。为提高坐果率,可采用人工授粉的方法。

花期可喷洒 100 毫克/千克的 2,4-D 药液防止落花落果,对大瓜应实行吊瓜。

二、一串铃 4 号

【品种来源】 由中国农业科学院蔬菜花卉研究所育成。

【特征特性】 早熟,生长势中等。叶片掌状,节间较短,第一朵雌花着生于主蔓 6~9 节,隔 2~4 片叶见瓜,有连续出现雌花的现象。侧蔓也可结实,第二、第三节后出现雌花。瓜高桩形,底部略大,瓜面被白粉。商品性好,单瓜重 1~2 千克。

【适作茬口】 日光温室及露地早熟栽培。

【栽培要点】 一般在 10 月下旬至 11 月上旬播种育苗。在日光温室内栽培要结合深翻土地每 667 平方米施基肥 6 000 千克以上,同时施用过磷酸钙 200 千克。搂平地后起垄,垄宽 30 厘米,高 20 厘米。冬瓜苗龄以 40~50 天、具 3~4 片真叶为宜。每垄栽 1 行,大行距为 0.8 米,小行距为 0.5 米,株距 40~60 厘米,挖穴定植,深度与原苗坨平。也可先开沟、灌水稳苗。定植时要浇足定植水,7~8 天后再浇 1 次缓苗水,直至甩蔓时期,不旱不浇。甩蔓后盘条压蔓时需浇水,结合浇水追肥 1 次,667 平方米追施硫酸铵 10~15 千克。到坐瓜期间,再次控水。坐瓜后开始增加灌水次数及灌水量,同时追催瓜肥,每 667 平方米追施硫酸铵 20 千克。冬瓜进入甩蔓期后,茎蔓生长加速,要及时地吊蔓、绑蔓,并根据植株长势进行打杈、摘心。进入开花结果期后,要应用雌、雄花异花授粉或 2,4-D 点花等 人工授粉方法,提高坐瓜率。

三、春早 1 号

【品种来源】 由江苏省农业科学院蔬菜研究所培育。

【特征特性】 属极早熟一代杂交小型冬瓜品种。耐寒、抗病、肉质佳,皮青绿色,略有浅色梅花状斑点。第一雌花在主蔓的6～10节位。瓜圆柱形,一般长20～30厘米,直径10～15厘米,单瓜重1.5～2.5千克。

【适作茬口】 适合全国种植,是春季早熟栽培以及日光温室反季节栽培的最佳品种。

【栽培要点】 一是栽培方式。小高垄栽培,垄距70～80厘米,株距50厘米,每667平方米栽1800株左右。二是环境调控。缓苗期白天温度控制在25℃～28℃,夜间控制在13℃～16℃;花期白天控制在30℃～33℃,夜间15℃,短时间内不得低于10℃。三是肥水管理。冬瓜的生育期较长,根系的吸收能力很强,在肥水管理上要重施基肥、分期合理追肥。基肥一般每667平方米施厩肥或堆肥2500～3000千克、三元复合肥40千克,施用后与土充分拌匀。追肥原则为前轻后重、前淡后浓,苗期以稀粪水为主,加施尿素5千克或三元复合肥10千克;开花期追施较浓粪水,加施三元复合肥10～15千克;当第一个瓜坐稳后(重达1千克左右时),猛攻肥水,每667平方米加施三元复合肥20千克,在结果中期施用追肥后就可不再追肥。四是植株调整。坐瓜前摘除所有侧蔓,采用主蔓结瓜;当第一瓜采收后,既可以采用主蔓结瓜,也可留2～3个侧蔓结瓜。为提高坐果率,应进行人工辅助授粉;花期可用100毫克/千克的2,4-D保花保果。当瓜坐稳后,一定要牵引至矮架将瓜吊起来。

四、华枕冬瓜

【品种来源】 由日本引进。

【特征特性】 早熟,生长势中等。经25～30天收获时,单果重约1.5千克。果实纵径16厘米、横径13厘米,肉厚4.5厘米,果肉白色,肉质柔软。果实经 45 天达到最大果重,重约 2.5 千克。果形整齐、呈圆柱形,果皮深绿色。雌雄异花,雌花、雄花连续交替着生,同时开花。半节成性,坐果多,单株可收 8 个瓜左右。

【适作茬口】　春季早熟栽培以及日光温室反季节栽培。

【栽培要点】　一是栽培方式。高垄种植,行距 80 厘米,株距 40 厘米,每 667 平方米定植 2 100 株左右。二是环境调控。定植后闭棚增温,促进缓苗。5～7 天后瓜苗心叶开始生长,缓苗即告结束,昼温保持 25℃～28℃,夜温保持 12℃～18℃。进入开花结果期,昼温保持 25℃～30℃,上半夜 16℃左右,下半夜 12℃左右。若遇严重降温天气,温室内夜温偏低时,应采取临时加温措施,使夜间最低气温不能低于 8℃。三是肥水管理。每 667 平方米施腐熟鸡粪 4 500 千克。苗期至雌花出现前需控制肥水,待坐瓜后及时增施磷、钾肥,盛果期可追速效氮肥。日光温室栽培的冬瓜生长季节短,必须在真叶展开后追肥,促早发快发。一般每次每 667 平方米追施尿素 10～15 千克或氮磷钾复合肥 30 千克。冬瓜每采收 1～2 次追 1 次肥,宜追施复合肥。抽蔓期前需要水分少,开花结果以后需要水分较多,应经常保持土壤湿润。四是植株调整。吊绳吊架引蔓。以主蔓结瓜为主,摘除所有侧枝,当第二雌花结的瓜坐稳后,可在瓜的前面留 1～2 个侧枝,以保证每株结 2～3 个瓜。冬瓜雌花率低,每隔 3～5 节发生一雌花,为保证坐瓜的整齐一致,要采取人工辅助授粉促进坐瓜。

五、金棚碧绿

【品种来源】　由陕西省西安市金鹏种苗有限公司培育。

【特征特性】　植株生长势强,叶色深绿,抗病性、抗逆性强。早熟,第一雌花在 7～9 节,以后间隔 4～5 节有 1～2 朵雌花,侧枝发生力中等,结果力强,春播生育期为 100～110 天。瓜皮墨绿色略带白花点;瓜短圆柱形,头尾均匀,外观好。小果型,瓜长30厘米,横径18厘米,肉厚3.5~4厘米,单果重2.5~4千克。品质优良,耐贮运。

【适作茬口】 适宜春季早熟栽培以及日光温室反季节栽培。

【栽培要点】 一是栽培方式。采用营养穴盘育苗。定植的行株距为85厘米×40~50厘米,双行种植,每667平方米定植1 800株左右。二是环境调控。定植后闭棚增温,促进缓苗。5~7天后瓜苗心叶开始生长,缓苗结束,昼温保持25℃~28℃,夜温保持12℃~18℃。进入开花结果期,昼温25℃~30℃,夜温上半夜16℃左右,下半夜12℃左右。若遇严重降温天气,温室内夜温偏低时,应采取临时加温措施,使夜间最低气温不能低于8℃。三是肥水管理。每667平方米施基肥5 000千克。苗期至雌花出现前需控制肥水,待出现瓜后及时增施磷、钾肥,盛果期可追速效氮肥。日光温室栽培冬瓜生长季节短,必须在真叶展开后追肥,以促早发快发。一般每次每667平方米追施复合肥40千克。冬瓜每采收1~2次追1次肥,宜采用复合肥。抽蔓期前需要水分少,开花结果以后需要水分较多,应经常保持土壤湿润。四是植株调整。当苗长到30厘米有卷须时,用吊绳吊架引蔓。棚栽冬瓜以主蔓结瓜为主,在高密度条件下,要摘除所有侧枝,当第二雌花结的瓜坐稳后,可在瓜的前面留1~2个侧枝,以保证每株结2~3个瓜。为保证坐瓜的整齐一致,要采取人工辅助授粉促进坐瓜。

六、山农1号

【品种来源】 由山东农业大学培育的一代杂种。

【特征特性】 植株蔓生,蔓长2.2~2.5米,生长势中等,分枝力中等,掌状叶。雌雄同株异花。主蔓第五至第八叶节着生第一朵雌花,有些植株可连续结瓜。采收嫩瓜时,一般可单株采瓜4~7

个,单株产量 2.5～3 千克。瓜短圆筒形,少斑点,被茸毛。嫩瓜绿色,横径 5～7 厘米,长 15～20 厘米,肉厚 0.5 厘米。老熟瓜灰绿色,具轻蜡粉,横径 15～25 厘米,长 30～40 厘米,肉厚 1.5～2 厘米,单瓜重 2～3 千克。耐热,较耐寒,不耐涝,抗霜霉病和耐疫病。

【适作茬口】　适宜早春栽培。

【栽培要点】　一是栽培方式。高垄栽培,株行距 45 厘米×80 厘米,每 667 平方米定植 1 800 株左右。二是环境调控。适当早揭晚盖草苫;清除棚膜上的尘土,保持薄膜清洁、透光良好。于后墙面张挂镀铝反光幕,增加栽培田面的反光照,减少通风时间、通风量。使温室内每日光照时间达 8.5～9.5 小时以上,昼温保持 20℃～32℃,夜温保持 14℃～18℃,短时绝对最低气温(凌晨)不低于 8℃。阴雪天气时,温室内昼温保持在 18℃～25℃。为了保温,在减少通风时间和通风量的情况下,温室内白天空气相对湿度可保持在 75%～85%,夜间 85%～95%。三是肥水管理。每 667 平方米施腐熟猪牛粪 500～600 千克,或复合肥 50 千克、过磷酸钙 30 千克、钾肥 20 千克作基肥,并结合做畦采用开沟深层施肥。植株生长快,苗期短,为防止徒长,苗期一般不追肥,可到盛瓜期再追肥。当 80%以上的植株都坐有 1～2 个瓜时,每 667 平方米可追施三元复合肥 20 千克。以后每采收 1～2 次即追肥 1 次。后期结合喷药可喷施叶面肥,以补充养分和微量元素,防止早衰。四是植株调整。当瓜苗长到高约 25 厘米高并具有卷须时,用吊绳吊架。主侧蔓均可结瓜。前期以主蔓结瓜为主,结瓜前应摘除全部侧蔓。如以采收嫩瓜为主,待主蔓第一瓜坐住后,可选留两条侧蔓,每条侧蔓留 1 个瓜后摘心。开花后 7～10 天,可采收 0.25～0.5 千克的嫩瓜。

七、绿春冬瓜

【品种来源】 由天津市蔬菜研究所选育。

【特征特性】 属主蔓结瓜类型。主蔓第四至第七节着生第一朵雌花,以后每2~4节着生1个雌花或连续着生雌花。瓜圆柱形,长27厘米,横径12厘米。果皮青绿色,具茸毛和光泽,有绿白斑点。该品种早熟,抗病性强,品质好。一般商品瓜重1.5~2.5千克。

【适作茬口】 适合日光温室、春露地及秋季栽培。

【栽培要点】 一是栽培方式。大小畦定植,大畦宽120~150厘米,小畦宽60~80厘米。定植时株距40厘米,每667平方米栽1 800株左右。二是环境调控。播后苗床温度及定植后温室温度白天保持在20℃~25℃,夜间12℃~15℃;经5~7天缓苗后,棚温白天保持25℃~30℃,夜间12℃~15℃;进入开花结果期后,天气逐渐转冷,白天棚温保持28℃~30℃,夜间12℃~16℃。三是肥水管理。定植前每667平方米施腐熟的有机肥4 000千克、磷酸二铵25~30千克、尿素20~25千克和硫酸钾30千克作基肥。定植后2~3天可浇稀薄腐熟人、畜粪尿,7~10天后追肥1次,每667平方米追施尿素15千克。开花坐果前适当浇水,以利于雌花形成。坐瓜后要及时浇水追肥,每10~15天浇水1次,保持地面见湿不见干。每次浇水后每667平方米施尿素5千克,磷、钾基肥不足的可适当随水追施。初花期后注意增施二氧化碳气肥。四是植株调整。冬瓜上架前在地面生长,进行盘蔓、压蔓。盘蔓时将龙头调整一致,生长趋向整齐,主蔓7叶期开始绑蔓上架。注意不能让主蔓一次爬到棚顶,待龙头长到接近棚顶时进行人工落蔓,落下的茎蔓要均匀有序地绕在地面。日光温室冬瓜一般采取主蔓留瓜,且留第二朵雌花,实行多行单干整枝,及时去掉侧蔓、花、果。

冬瓜长大后要进行吊瓜。进行人工授粉可以早结瓜,同时可防止化瓜,可在上午 9 时前后选摘新开放的雄花进行花对花授粉,将花粉抹在雌花柱头上。

八、穗小 1 号

【品种来源】　由广州市白云区蔬菜研究所选育。

【特征特性】　属小型冬瓜品种。生长势强,抗病性、抗逆性强。早熟,第一朵雌花出现在 7～9 节。结果力强,瓜皮墨绿色略带白花点,瓜短圆柱形,头尾均匀,外观好。瓜长 28.6 厘米,横径17.5 厘米,肉厚 4 厘米,单瓜重 2.5～4 千克。食用时质感粉、甜。

【适作茬口】　适合早春或夏春季栽培。

【栽培要点】　一是栽培方式。定植的行株距为 85 厘米×30～35 厘米,双行种植,每 667 平方米定植 2 500 株。二是环境调控。苗床昼温保持在 20℃～25℃,夜温 10℃～15℃。定植后闭棚增温,促进缓苗。5～7 天后瓜苗心叶开始生长,缓苗结束,昼温保持在 25℃～28℃,夜温 12℃～18℃。开花结果期昼温保持在25℃～30℃,上半夜 16℃左右,下半夜 12℃左右。三是肥水管理。每 667 平方米施基肥 4 000～5 000 千克。苗期至雌花出现前需控制肥水,待出现瓜后及时增施磷、钾肥,盛果期可追速效氮肥。冬瓜每采收 1～2 次追 1 次肥,一般每次每 667 平方米追施尿素10～15 千克或复合肥 30 千克。抽蔓期前需要水分少,开花结果以后需要水分较多,应经常保持土壤湿润。四是植株调整。当苗长到 25 厘米有卷须时,开始搭架引蔓,用吊绳引蔓。以主蔓结瓜为主,摘除所有侧枝。当第二朵雌花结的瓜坐稳后,可在瓜的前面留1～2 个侧枝,以保证每株结 2～3 个瓜。冬瓜雌花率低,每隔 3～5节发生 1 朵雌花,为保证坐瓜整齐一致,可采取人工辅助授粉促进坐瓜。上午 8～11 时采下刚开放的雄花,除去花冠,将花粉轻轻地抹在雌花柱头上。一朵雄花可供 2~3 朵雌花授粉。

九、小　惠

【品种来源】　由农友种苗(中国)有限公司选育。

【特征特性】　极早生,蔓较细短。瓜椭圆至长椭圆形,皮色青黑,无蜡粉。果重约 3.5 千克。适于家庭食用及作冬瓜盅用,肉质细嫩,品质佳。

【适作茬口】　适宜日光温室及露地早熟栽培。

【栽培要点】　一是栽培方式。起垄双行栽培,畦宽 1.2 米(连沟),株距 45 厘米,每 667 平方米定植 2500 株左右。二是环境调控。定植缓苗后温室白天地温保持在 18℃~20℃,气温控制在 28℃~30℃,最低不低于 13℃~15℃。超过 23℃要通风,下午降至 18℃时要盖草苫。前半夜温度控制在 15℃~18℃,后半夜控制在 11℃~13℃。若遇严重降温天气,温室内夜温偏低时,应采取临时加温措施,使夜间最低气温不低于 8℃。三是肥水管理。每 667 平方米施基肥 4000~5000 千克。从苗期至雌花出现前需控制肥水,待坐瓜后及时增施磷、钾肥,盛果期可追速效氮肥,一般每次每 667 平方米追施尿素 10~15 千克或复合肥 30 千克。冬瓜每采收 1~2 次追 1 次肥。抽蔓期前需要水分少,开花结果以后需要水分较多,应经常保持土壤湿润。四是植株调整。当苗长至 25 厘米有卷须时,用吊绳吊架。以主蔓结瓜为主,摘除所有侧枝,当第二朵雌花结的瓜坐稳后,可在瓜的前面留 1~2 个侧枝,以保证每株结 2~3 个瓜。冬瓜雌花率低,每隔 3~5 节发生 1 朵雌花,为保证坐瓜的整齐一致,要采取人工辅助授粉促进坐瓜。

十、吉　乐

【品种来源】　由农友种苗(中国)有限公司选育。

【特征特性】　极早生,生长强健,耐湿、耐寒、耐热,耐病毒病、白粉病、炭疽病力强,抗日烧病;结果力强,长日照期仍能正常结果。果实长椭球形,皮色鲜绿、亮丽,外观娇艳,卖相好。适收时长20～24厘米,横径约14厘米,重约2.5千克,耐贮运。

【适作茬口】　适于日光温室及露地早熟栽培。

【栽培要点】　请参阅主栽品种小惠。

十一、绿春8号冬瓜

【品种来源】　由天津市蔬菜研究所选育。

【特征特性】　植株生长势强,主蔓第四至第六节着生第一朵雌花,以后每隔3～5节产生1朵雌花或连续着生雌花。瓜短圆筒形,商品瓜绿色,具白色茸毛,有绿白色斑点。老熟瓜无蜡粉或少蜡粉。肉质致密,较耐寒,抗病性强。一般商品瓜重1.5～2.5千克。

【适作茬口】　宜于保护地、春露地及秋季栽培。适宜全国各地栽培。

【栽培要点】　育苗栽培,苗龄40天左右。每667平方米定植密度为2 000～2 500株,株行距35厘米×50厘米。整枝栽培留1～2条蔓结果更佳。

十二、高桩一串铃

【品种来源】　从北京地方品种系选出的早熟优质冬瓜。

【特征特性】 系早熟品种,植株蔓生,生长势中等,叶片掌状,节间较短。以主蔓结瓜为主,第一朵雌花着生在主蔓第四至第六节,以后每隔1~3叶着生一朵雌花,有连续出现雌花现象。侧蔓也可结瓜,2~3节后出现雌花。瓜高桩形,底部稍大,成熟时瓜面被有白粉。单瓜重1~2千克。

【适作茬口】 适合春季露地覆膜栽培或保护地栽培。

【栽培要点】 作保护地栽培时,应根据日光温室类型和保温措施确定不同播期。9月上旬至翌年2月播种育苗,10月至翌年3月定植。单蔓整枝,留12~14片叶摘心。注意人工授粉或使用植物生长调节剂保果,从春节至5月份上市,每株采4~6个瓜。高桩一串铃冬瓜较耐热,但不耐湿。北方地区日光温室可采用小高垄栽培。

十三、吉林冬瓜

【品种来源】 系吉林省地方冬瓜品种。

【特征特性】 早熟,分枝力不强,以主蔓结瓜为主。第一朵雌花着生于主蔓3~8节。瓜椭圆形,长20~26厘米,横径14~16厘米。嫩瓜单瓜重1.25~2千克,瓜色草绿,瓜头部分(脐部)显黄绿色;成熟瓜浅绿色。皮薄,肉厚,瓜肉白色,品质好。该品种抗病性和耐寒性均强,持续结瓜性好,不早衰,可单株结瓜3~5个。

【适作茬口】 宜作日光温室及露地早熟栽培。

【栽培要点】 作露地栽培和日光温室保护地反季节栽培时,适宜密度分别为每667平方米定植2500棵和3000棵。立架栽培或吊架栽培均可。

十四、一窝蜂冬瓜

【品种来源】 系江苏省南京市农家品种。

【特征特性】 早熟。植株生长势较弱，蔓较短，叶掌状，深绿色。主蔓第六节着生第一朵雌花，以后每隔 1～2 节着生 1 朵雌花。结果较多，果实多为圆柱形，瓜皮青绿色，无蜡粉，果肉白色，品质中等。一般单果重 1.5～2.5 千克。

【适作茬口】 适于日光温室及露地早熟栽培。

【栽培要点】 日光温室可采取小高垄吊蔓栽培，单蔓整枝，行距 60～70 厘米，株距 35～40 厘米，每 667 平方米栽 2 500～2 700 株。

十五、六叶早冬瓜

【品种来源】 系河北省邢台市南和县地方品种。

【特征特性】 极早熟。植株蔓生。坐果力特强，每隔 2～3 节着生 1 朵雌花，开花授粉后 7～10 天就可采摘嫩瓜。单果重 0.5～1 千克。若采摘老瓜，可长到 4～5 千克。果实椭圆形，果皮青绿色，肉厚心小，果肉品质优良。

【适作茬口】 适宜早春日光温室栽培。

【栽培要点】 日光温室可采取单蔓整枝，吊蔓栽培，行距 60 厘米，株距 35 厘米，每 667 平方米栽 3 000 株左右。

十六、绿宝新丰

【品种来源】 由安徽省合肥绿宝农业技术研究所选配的一代杂交种。

【特征特性】 高产,特早熟。植株蔓生。主蔓第六节着生第1朵雌花,以后每隔2节着生一朵雌花。雌花多,坐果稳,结果率高。单果重2~4千克。瓜形顺正匀称,果肉品质优良。

【适作茬口】 适宜早春日光温室栽培。

【栽培要点】 日光温室可采取单蔓整枝,吊蔓栽培,行距60~70厘米,株距35~40厘米,每667平方米栽2500~2700株。

十七、一串铃3号

【品种来源】 由中国农业科学院蔬菜花卉研究所选育的小型早熟新品种。

【特征特性】 早熟小型冬瓜。生长势中等,生长期短。雌花出现早,节成性强。第一雌花一般出现在6~9节,每隔3~5片叶出现1朵雌花。侧枝也有较强的结瓜性,并可连续出现雌花。瓜扁圆形,成熟时瓜面被有白粉,单瓜重1~2千克。每株可结瓜5~6个。日光温室栽培时,亦可采收250克左右的嫩瓜上市。

【适作茬口】 适于各类保护地及露地早熟栽培。

【栽培要点】 日光温室栽培行距60~70厘米,株距35~40厘米,每667平方米栽2500~2700株。

十八、早熟米

【品种来源】 由四川省农业科学院园艺种苗中心选育的小型早熟新品种。

【特征特性】 早熟。生长势中等。主蔓长3~5米,节间长8~10厘米。叶片五角形掌状,浅裂,绿色。第一朵雌花一般出现在3~4节,雌花多,结瓜密。瓜圆柱形,瓜长30~40厘米,横径20~25厘米。嫩瓜单瓜重2~3千克。瓜皮青绿色,表皮平滑,肉

厚3～4厘米,白色,肉质细密,味稍甜,品质优良。每株可结瓜
2～4个。

【适作茬口】　适于各类保护地及露地早熟栽培。

【栽培要点】　日光温室栽培行距60～70厘米,株距40～45
厘米,每667平方米栽2 200～2 500株。

十九、太原一串铃

【品种来源】　系山西省太原市地方品种。

【特征特性】　早熟。生长势中等,叶掌状,深绿色。以主蔓结
瓜为主,第一朵雌花一般出现在4～6节,以后每隔1～3片叶出现
1朵雌花。瓜为短圆筒状,瓜皮青绿色,成熟时瓜面被有白粉,单
瓜重1～1.5千克,瓜长18～20厘米,横径22厘米左右。每株可
结瓜5～6个。耐寒性较强,耐热性中等,不耐涝。

【适作茬口】　适于日光温室及露地早熟栽培。

【栽培要点】　日光温室栽培可采取单蔓整枝,吊蔓栽培,行距
50厘米,株距33厘米,每667平方米栽3 700株左右。

二十、泰　平

【品种来源】　由农友种苗(中国)有限公司选育。

【特征特性】　早熟。植株生长势较强,分枝多,叶片缺刻。易
结瓜,结瓜能力强。侧枝结瓜性较强,并可连续出现雌花。瓜长筒
形,长约30厘米,横径约10厘米,单瓜重约2千克。皮浅绿带黄
色,成熟时有果粉,果肉白色,子腔无空隙,肉质细嫩,品质好。

【适作茬口】　适于日光温室及露地早熟栽培。

【栽培要点】　日光温室吊蔓栽培时须吊瓜。日光温室栽培行
距70～80厘米,株距35～40厘米,每667平方米定植2 500株。

第三章　日光温室冬瓜育苗技术

一、冬瓜穴盘育苗技术

(一)穴盘选择

穴盘是按照一定的规格制成的带有许多小圆形或小方形孔穴的塑料盘,大小多为 52 厘米×28 厘米,盘上有 32、40、50、72、105、128、162、200、288 穴,小穴深度 3～10 厘米,塑料壁厚度 0.85～1.05 毫米。冬瓜穴盘育苗宜选用有 50、72、105 穴的穴盘。

(二)基　质

育苗基质可用草炭土、蛭石、珍珠岩等主要物质调配而成。生产上经常应用的这三种成分的比例构成是:草炭土∶蛭石∶珍珠岩=5∶3∶2;草炭土∶蛭石∶珍珠岩=6∶2∶2;珍珠岩∶草炭土∶蛭石=7∶2∶1。育苗基质具有疏松透气性好、无病原物等特点。

在配制育苗土或育苗基质时,要与农药和肥料的使用结合起来,做好 2 个结合:一是与农药的使用结合,为保证育苗土或育苗基质中不含有病原物,以保证育出无病苗,可在配制过程中喷施 50%多菌灵可湿性粉剂 500 倍液和 40%辛硫磷乳油 800 倍液,每立方米育苗土或育苗基质加入以上两种药剂各 80 克;二是与肥料的使用结合起来,为防止冬瓜苗期出现脱肥现象,可在育苗土或育苗基质中加入宝力丰和适量的微肥,每立方米基质中加入宝力丰(以色列海法化学工业公司生产的全溶性氮磷钾高效肥料)1 千克、硫酸锌和硫酸亚铁各 50～100 克。施用农药和肥料时要注意施用均匀,肥料宜用高浓度的全元素复合肥,不用尿素,以防止烂种。

(三)消毒灭菌

1. 保护设施消毒灭菌　整个保护设施使用前要用高锰酸钾＋甲醛消毒,每 2 000 立方米温室,用 1.65 千克甲醛加入 8.4 升开水中,再加入 1.65 千克高锰酸钾,产生烟雾,封闭 48 小时后打开,散尽气味。

2. 拌料场地消毒灭菌　拌料场地使用前宜用高锰酸钾 2 000 倍液或 70％甲基硫菌灵可湿性粉剂 1 000 倍液喷洒灭菌。

3. 穴盘和用具消毒灭菌　穴盘和其他用具使用前用高锰酸钾 2 000 倍液浸泡 10 分钟后捞出用清水冲洗干净,晾干。

4. 基质消毒灭菌　如果是首次使用的干净基质,一般无须进行消毒。重复使用的基质则最好进行消毒处理。一种消毒的方法是:用 0.1％～0.5％高锰酸钾溶液浸泡 30 分钟后,用清水洗净;另一种消毒方法是用福尔马林 100 克对水 5 升,而后均匀喷洒在 1 立方米基质上,将基质堆起覆膜密闭 2 天后摊开,晾晒 15 天左右,待药味挥发后再使用。

(四)播　种

1. 种子浸种　浸种是保证种子在有利于吸水的温度条件下,在短时间内吸足从种子萌芽到出苗所需的全部水量的主要措施。通过浸种,一是能间接缩短催芽所需要的时间,二是能消灭种子表皮所附的病原物。根据冬瓜种子的结构特点,可先将种子晾晒 1～2 天,以便提高发芽率;浸种时先用 2‰～5‰碱液清洗,再用以下 3 种方法进行浸种。

(1)温汤浸种　温汤浸种所用水温为病菌致死温度 55℃,用水量为种子量的 5～6 倍。浸种时,种子要不断搅拌,并随时补充温水,保持水温 55℃ 10 分钟,而后使水温缓慢降低至 25℃ ～28℃,洗净附在种皮上的黏质。在搓洗种子的过程中,要不断地换水(保持水温在 22℃～28℃),一直洗到种皮洁净无黏性、无气味为止。种子洗净后,用钳子或牙齿将胚端(种子的小头)的种壳嗑破,再放入 22℃～28℃ 的水中浸泡,在此浸泡过程中每 5～8 小时换水 1 次。最后,浸种 8～12 小时后将种子捞出催芽。

(2)热水烫种　冬瓜种子的种皮坚硬且厚,吸水能力差。在种子经过充分干燥后,将其放入 70℃～75℃ 的水中(水量不超过种子量的 5 倍)进行烫种;烫种时要用 2 个容器,将热水来回倾倒,最初几次倾倒的动作要求快和猛,以迅速降低水温,一直倾倒至水温降至 55℃ 时再改为不断地搅动,并保持这样的水温 10 分钟。此后,按照温汤浸种的方式进行搓洗、破壳和浸种。

(3)药剂浸种　用药剂浸种消毒前,先将冬瓜种子用 25℃～28℃ 清水预浸 5～6 小时,再浸入药剂中,最后将种子捞出洗净按照温汤浸种的方式进行。

温汤浸种通常有以下 3 种方式:①福尔马林(即 40％甲醛)溶液浸种。用 1％福尔马林水溶液浸泡种子 15～20 分钟,然后捞出种子用清水反复冲洗,直到水无色为止。这种方法可预防各种细菌性病害的发生。②10％磷酸三钠溶液浸种。将经过预浸的种子放在该溶液中处理 30 分钟后捞出洗净。这种方法可预防病毒病的发生。③1％高锰酸钾溶液浸种。将经过预浸的种子放在该溶液中处理 15～20 分钟后捞出,用清水冲洗至水无色时进行催芽。

药剂浸种时要注意以下两点:一是种子破壳是在温汤浸种,即热水烫种的水温降至 22℃～28℃ 后进行的,以防止损害胚芽;二是经过药剂处理的种子,必须用清水冲洗干净,以免影响发芽率。

2. 种子催芽　冬瓜种子种皮坚硬且厚,影响种子的发芽速率和整齐度,为缩短种子的发芽时间,以便于集中播种,应当对冬瓜种子进行催芽处理。催芽处理是冬瓜种子浸种后的承接和继续。催芽处理方法如下：将浸过种的冬瓜种子用多层潮湿的纱布或麻布或毛巾包裹好（不要包裹过紧，使包内种子保持松散状态），放入32℃的催芽箱中进行催芽（或放在热炕上或电热毯上催芽，注意防湿，防导电）。催芽期间每隔4～5小时翻动一次种子进行换气；如果种子量大，则每经20～24小时用温水搓洗种子1次，洗净黏液，以利于种皮进行气体交换；洗完种子装包后，把水分甩掉，随即松散包内种子，继续催芽。经72小时后，当有75%左右的冬瓜种子"破嘴"时，即停止催芽，准备播种。

在催芽过程中往往由于冬瓜种子成熟度不一致，加之包裹内温度及氧气分布不均匀，造成萌芽不整齐，这时，可对种子进行变温处理：高低温度交替以16～24小时为一个周期，其中高温为催芽时所用温度；低温为−1℃～−2℃，时间8～10小时，一般经过1～2次变温处理即可，这时大芽已露出种皮，如果使其受低温抑制影响大些，就能使大芽等待小芽，从而达到出芽整齐的目的。经过此处理后，还可以提高胚芽的抗寒力。

在对冬瓜种子进行催芽处理过程中，应注意以下六点：①催芽时不能用塑料袋盛装种子，以防种子缺氧变烂。②催芽时要始终保持种子和包裹布的湿润。如果种子量少，在催芽箱中种子极易变干，所以要随时查看种子，以防止催芽时间加长，造成萌芽不整齐。③采用高低温交替催芽，当把种子从低温处拿回到高温处时，要待包布解冻后才能打开检视种子，不可用手触摸种子。④在电热毯或其他非恒温热源上催芽时，应当使用2支温度计：1支测包裹外温度（即热源的温度），1支插入包裹内测催芽时的温度。要密切注意2支温度计读数的变化，尽可能使2支温度计的读数一致，特别是包内的温度读数应在30℃～35℃之间。⑤催芽过程中无须用药剂浸泡种子，以防止引起药害。⑥催芽后如不立即播种，可将种子放入1℃～5℃冰箱中或继续进行变温处理，但时间不要过长。

3. 基质装盘 将备好的基质装入穴盘中,用刮平板从穴盘的一端向另一端刮平,使每个穴孔基质平满。

4. 播种 将压穴器对准每个穴孔的中心位置均匀用力压下,使每个穴孔中央形成深 0.5 厘米的播种穴。逐盘压穴,逐穴播种,每穴播种 1 粒种子,使种子位于播种穴中央。播种后覆盖,低温季节宜用蛭石覆盖,高温季节宜用珍珠岩覆盖,覆盖后再用刮平板刮平。将覆盖好的穴盘置于苗床上,浇透水。

(五)苗期管理

苗期管理是培育壮苗的环节。管理秧苗要随时观察天气、苗情等,按照秧苗枝叶是否完整、病虫的有无、茎秆的粗细、节间的长短、叶色的深浅和厚薄等形态标准,采取相适应的技术措施进行,精心管理。秧苗管理总的原则是促控结合、有促有控。

1. 从子叶出土至破心(初生真叶显露) 这是秧苗逐步过渡到独立生活的关键时期,重在控水降温(在寒冷季节应提温),白天保持 20℃～25℃,夜间保持 13℃～15℃,应加强光照(忌连阴天),少施或不施氮肥。这一时期为 6～7 天。

2. 从破心至 4 叶展平 此时期温度要适当提高,白天保持 20℃～25℃,夜间保持 15℃～18℃,低于 15℃ 则发育受阻。如需要补充肥料或浇水时,可在 2 叶展平时进行,但要结合中耕或盖土。在冬季温室育苗时,应不浇或少浇水,重在增加光照,提高温度。要求土壤表面湿而不涝,干而不裂。该时期要加强防治外界害虫,露天育苗要使用防虫网和薄膜,防止雨水淋浇。

无土培育壮苗时浇水次数相对较多,但阴雨天一般不浇水,施肥时忌用挥发性强的氮肥,可用水溶性好的复合肥,有效肥料浓度为 0.2%～0.5%。

3. 移植前的锻炼 为使冬瓜苗定植后缩短缓苗时间,提高其抗逆能力,定植前必须对冬瓜苗进行低温锻炼,在定植前一周将白天温度控制在 15℃～20℃,夜间温度控制在 13℃～15℃,经 5～6 天即可完成低温锻炼。同时应对幼苗进行抗旱锻炼,5～6 天内不浇水。

4. 生长调节剂的应用　盛夏季节育苗不能用低温锻炼和抗旱的措施处理幼苗,可在幼苗第一片真叶展开、第二片真叶显出时用 15% 多效唑可湿性粉剂 5 000～6 000 倍液喷雾,后期可喷施比久(丁酰肼)2 000 倍液。

5. 冬瓜苗期管理中应注意的问题　①因育苗基质变干,种皮不湿润或覆土过浅引起种子"戴帽"。应及时撒盖湿润细土或适量喷水,切勿大水浇灌,注意保墒保湿。对于已"戴帽"出土的种子,可以用手小心摘去种壳。②秧苗前期注意控水降温,以防止出现"高脚苗"。对已出现的"高脚苗",尽量不要施用多效唑、缩节胺(甲哌鎓)、矮丰灵等抑制类生长激素。如需应用生长调节剂,要严格掌握用药浓度,防止重喷,以防止发生药害。③加强温湿度的管理。在雨季注意防止雨水淋浇秧苗,当外界气温低而苗床气温高时,要逐渐加大通风量,防止通风量突然过大导致"闪苗"。炼苗时温度须逐渐降低,忌温度骤然降低,蹲苗时间不能过长,以防止形成"僵巴苗","小老苗"。

(六)冬瓜壮苗标准

冬瓜适宜的日历苗龄是 35～45 天,生理苗龄为 3 叶 1 心或 4 叶 1 心。冬瓜根系木质化早,再生能力差,故苗龄不宜太长,否则定植后不容易缓苗。

冬瓜的壮苗标准是具 3～4 片真叶,叶片青绿色、肥厚,2 片子叶健壮完好,节间粗短,有发达的根系而且色泽洁白,整株无病虫危害。

冬瓜育苗在环境条件完全符合要求时,育苗所需要时间根据积温确定。从种子萌动、子叶展开至 4 叶 1 心需积温 800℃～1000℃。

日光温室早春茬冬瓜栽培最好培育 3 叶 1 心的秧苗,其他茬口应培育 4 叶 1 心的秧苗。

(七)病虫害防治

1. 猝倒病、立枯病的防治 播种前进行基质消毒,控制浇水,浇水后通风以降低空气湿度。缓苗期夜温不得低于 10℃,发病初期喷洒百菌清 500 倍液,或多菌灵 1000 倍液,或代森锌 800 倍液,每 5～7 天喷 1 次,连喷 2～3 次。

2. 疫病的防治 播种前用福尔马林进行种子处理,发病初期喷施百菌清 500 倍液,或代森锌 1000 倍液,每 5～7 天喷 1 次,连喷 2～3 次。

3. 病毒病的防治 在夏季高温干旱的条件下,加上蚜虫的为害,易发生病毒病。其防治方法是:播种前用 10% 磷酸三钠溶液浸种 20 分钟,取出冲洗干净。在苗期注意遮荫降温,保持土壤湿润。发现蚜虫为害,可用 10% 吡虫啉 1200 倍液或啶虫脒 2000 倍液喷雾防治,每隔 5～7 天喷 1 次,连喷 2～3 次。

4. 白粉虱的防治 可喷施 10% 扑虱灵(异丙威噻嗪酮)1200 倍液、3% 烯定虫胺 2500 倍液,每 5～7 天喷 1 次,连喷 2～3 次。还可进行黄板诱蚜。

(八)日光温室冬瓜苗期遇不良天气时的管理

日光温室秋冬茬、越冬茬、冬春茬冬瓜在苗期遇到连阴雨雪等不良天气时,其管理关键技术主要是加强防寒保温和增强光照。

1. 防寒保温 注意收听天气预报,在寒流和阴雨雪天气到来之前要严闭温室,夜间加盖整体浮膜(即盖草苫后再覆盖一整体薄膜),温室后墙和山墙达不到应有厚度的,可在墙外加护草及薄膜等加强保温。必要时温室前底脚外夜间增盖1层草帘,以提高温室内夜间的温度。在严寒季节,可以在棚前脸加盖麦秸或其他覆盖物,以加强保温。

如果持续阴天时间过长,就应在温室内安装补充电灯提温和增加光照,可在温室中,每间安装1个灯泡。若遇上雨雪天气,上午不能拉开草苫,应打开灯泡。若夜温过低,可在下午5时左右将灯泡打开,夜间10时左右关闭,可有效提高棚温2℃～3℃,同时可增加光照。

为了保温,遇阴雨雪天气时一般情况下不通风,但当温室内空气相对湿度超过85%时,可在中午前后短时间开天窗、小通顶风排湿。每天拉开草苫时间的长短可根据棚温的变化确定。揭开草苫后,若温度下降,应随揭随盖;若温度稍有回升,可在下午14～15时前把覆盖物重新盖好。阴天时要尽量减少出入温室的次数,尽可能地保持棚温。

2. 增加光照　只要不下雨、不下雪或白天下小雪时,应坚持拉开草苫,利用微弱的散射光增加温室内温度和补充光照,以满足冬瓜植株进行光合作用的需要,避免冬瓜植株长时间处于黑暗状态而造成根、茎、叶生长严重失衡。此外,还要经常清扫日光温室棚膜表面,以提高棚膜透光率,增强冬瓜植株的光合作用。

冬瓜苗期遇到强寒流天气时,一旦发生冻害,应于上午8时前后喷洒1次10℃～15℃的清洁温水,以利于缓解冻害;同时,覆盖草苫或盖花苫形成花荫,防止阳光直射温室内导致升温过快,骤然解冻而造成死苗。

(九)预防冬瓜幼苗徒长

1. 冬瓜幼苗徒长症状　徒长苗的叶面大,叶片薄、颜色浅,茎细而长,节与节的间距大,组织柔嫩,根短而小,根冠比小,干物质积累少。由于徒长苗根系弱,吸水能力差,叶及茎柔嫩,表面角质层不发达,所以在空气湿度降低时,蒸腾作用剧增,从而使叶片萎蔫。徒长苗抗逆性差,容易受冻,易染病。由于营养不良,徒长苗的花芽形成和发育慢,花数量少且出现晚,往往形成畸形果,易落花,早熟性差,产量低。

2. 冬瓜幼苗徒长的原因　夜温过高,昼夜温差小,光照不足,通风不良,水分过大,氮肥施用过多,磷、钾肥施用过少等因素造成。幼苗徒长主要发生在两个时期:一是幼苗刚出土时,由于没有及时通风,及时揭开覆盖物而引起秧苗徒长,因为此时冬瓜幼苗的下胚轴对温度十分敏感,高温极易引发下胚轴伸长。二是在春季定植前,外界气温逐渐升高,天气变暖,幼苗生长加快,植株已相当大造成相互拥挤,互相挡光遮荫,或因此时大量灌水而又没有降低夜温造成徒长。

3. 防治方法　防治徒长苗应根据管理中的具体问题,采取相应的措施。

(1)加强管理　出苗后要降低苗床空气湿度和夜温,因为此时幼苗的下胚轴对温度十分敏感,极易徒长。保持前半夜床温为15℃～20℃,后半夜为10℃～15℃,早晨不低于5℃,保持一定的昼夜温差。对于定植前一段时间发生的徒长苗,可在定植时将其栽得深些,使其子叶在基质表面以上2.0～2.5厘米。

(2)正确喷药　有的菜农为了控制徒长苗,喷施植物生长调节剂,这是抑制徒长的下策,因为如果喷施过量,会影响幼苗的生长和结瓜。确实有必要时,可用50％的矮壮素原液对水配成2500～3000倍液(即1毫升原液加水2.5～3升),用喷雾器喷洒在幼苗上,每平方米苗床喷洒1升配制好的矮壮素溶液。喷后10天左右,可看到幼苗生长缓慢,叶色变浓绿,茎变得健壮。

(十)正确识别与预防冬瓜"戴帽"苗

冬瓜育苗时经常出现"戴帽"出土现象,"戴帽"苗易形成弱苗,影响秧苗质量。

1. 症状识别　冬瓜秧苗出土后子叶上的种皮不脱落,俗称"戴帽",秧苗子叶期的光合作用主要是由子叶来进行的,秧苗"戴帽"使子叶被种皮夹住不能张开,因而直接影响子叶的光合作用,还能使子叶受伤,造成幼苗生长不良或形成弱苗,定植后将影响后期植株的生长发育。

2. 发生原因　秧苗"戴帽"是由于种皮干燥,基质太干燥,致使种皮容易变干;出苗后过早揭掉覆盖物或在晴天揭膜,致使种皮在脱落前已经变干;种子秕瘪,生活力弱等多种原因造成。

3. 防治措施　不能播干种,播种前要进行浸种处理,播种深度要均匀一致;加盖薄膜进行保湿,使种子从发芽到出苗期间保持湿润状态;幼苗刚出土时,如果基质过干要立即用喷壶洒水;一旦发现"戴帽"苗要立即摘除。

二、冬瓜穴盘嫁接育苗技术

(一)冬瓜穴盘嫁接育苗的主要优点

1. 增强冬瓜植株的抗病能力,解决连作重茬问题　因日光温室连年重茬种植,使病害逐渐积累,虫害逐年上升。冬瓜进行嫁接后,可以克服土壤连作障碍,防止根部病害发生,尤其可以避免镰刀菌枯萎病等土传病害发生,这样不仅可减少农药的施用量,减轻对冬瓜的污染,还能降低劳动成本和劳动强度,使经济效益得到进一步提高。

2. 增产效果显著　砧木根系发达,吸水吸肥能力强,抗逆性强,嫁接后接穗得到充足的水分和养分供应,生长速度加快且秧苗健壮,增产幅度增大。据试验,嫁接冬瓜比自根冬瓜增产30%～50%。

3. 增强植株的抗逆性　用黑籽南瓜等砧木嫁接的冬瓜,可有效地促进根系发育,提高根系的耐寒、耐热、抗病等抗逆性和适应性,从而提高嫁接冬瓜的产量。当地温下降至8℃左右时,嫁接植株仍能保持较强的生长势,而非嫁接植株则停止生长。如果低温持续的时间较长,不嫁接冬瓜还会出现"花打顶"以及"寒根"等冷害现象。

(二)嫁接冬瓜选用砧木的依据

冬瓜嫁接栽培时必须选择优良的砧木,以达到防病和早熟的目的,因此砧木的选择在嫁接栽培中至关重要。选择砧木时要掌握以下4个基本原则:一是砧木与接穗的亲和力,主要包括嫁接亲和力和共生亲和力。嫁接亲和力是指嫁接后砧木与接穗愈合的程度,可以用嫁接后的成活百分率来表示。嫁接后砧木很快就与接穗愈合,成活率高,则表明砧木与接穗的嫁接亲和力高;反之,则低。共生亲和力是指嫁接成活后两者的共生状况,一般用嫁接成活后嫁接苗的生长发育速度、生育正常与否、结果后的负载能力等来表示。嫁接亲和力和共生亲和力并不一定一致,有的砧木与接穗嫁接成活率很高,但后期表现不良,表现为共生亲和力差。因此,生产上选择砧木时,要选择嫁接亲和力和共生亲和力都较高且较一致的砧木。二是砧木的抗病能力。选用砧木嫁接冬瓜最重要的一个目的就是为了增强冬瓜的抗病力,尤其是对镰刀菌枯萎病等土传病害的抵抗力。因此,选择的砧木必须具有抵抗这些病菌的能力,这也是选择砧木的一个重要因素。三是砧木对冬瓜品质的影响。不同的砧木对冬瓜的品质会有不同的影响,因此在冬瓜嫁接时,必须选择对冬瓜品质基本无不良影响的砧木。四是砧木对不良环境条件的适应能力。在嫁接栽培的情况下,冬瓜植株的低温生长性、雌花出现早晚和低温坐果性,以及根群的扩展和吸肥能力、耐旱性和对土壤酸度的适应性等,都受砧木固有特性的影响。不同的砧木有不同的特性,对接穗的影响也不相同。因此,根据需要选用最适宜的砧木,是获得冬瓜早熟、丰产和优质的关键之一。在日光温室栽培中,由于温度低、光照弱,应选择耐低温、耐弱光、对不良环境条件适应性强的砧木。

(三)适于冬瓜嫁接的主要砧木品种

1. 黑籽南瓜　根系强大,茎圆形,分枝性强。叶圆形,深裂,有刺毛。花冠黄或橘黄色,萼筒短,有细长的裂片;花梗硬,较细,棱不显著,果蒂处稍膨大。果实椭圆形,果皮硬,绿色,有白色条纹或斑块。果肉白色,多纤维。种子通常为黑色,有窄薄边。千粒重250克左右。黑籽南瓜要求日照严格,日照在13小时以上的地区或季节不形成花芽或有花蕾而不能开花坐果。生长要求较低的温度,较高的地温条件生长发育不良。冬瓜嫁接通常是选用黑籽南瓜作砧木,其原因有三:一是黑籽南瓜根系发达,入土深,吸收范围广,耐肥水,耐旱能力强,可延长采收期增加产量。二是黑籽南瓜对枯萎病有免疫作用。三是黑籽南瓜根系抵抗低温能力强。冬瓜根系在温度为10℃时即停止生长,而黑籽南瓜根系在8℃时还可以生长根毛。由于南瓜嫁接苗比自根苗素质高,生长旺盛,抗逆性强,前期产量和总产量均比自根苗显著增产。

2. 特选新土佐砧木　该砧木是从日本引进的杂交一代南瓜(笋瓜与中国南瓜的种间杂交种),生长势强,吸肥力强,与冬瓜等瓜类亲和力均很强,耐热、耐湿、耐旱,低温生长性强,抗枯萎病等土传病害;适应性广,苗期生长快,育苗期短,胚轴特别粗壮;很少发生因嫁接而引起的急性凋萎,能提早成熟和增加产量,比自根苗减少氮肥30%。

3. 壮士　属中国南瓜,生性强健,根部抗镰刀菌病害枯萎病、凋萎病等,适于作冬瓜、苦瓜、甜瓜、西瓜的根砧,亲和性良好。因南瓜根砧吸肥、吸水力强,低温生长性亦强,故可使嫁接其上的冬瓜生育、结果更佳。

(四)穴盘的选择

冬瓜嫁接育苗选用标准穴盘。砧木播种选择 72 孔穴盘,接穗播种选择 128 孔穴盘。

(五)基　质

参阅冬瓜穴盘育苗技术。

(六)嫁接方法

冬瓜嫁接育苗所用的嫁接方法有靠接法、插接法和劈接法等。穴盘嫁接育苗多用插接法。其具体方法是:选竹织针或竹片削成单面半圆锥形或双面楔形竹签。削面长度为 0.5～0.6 厘米,竹签尖端粗度视接穗胚轴粗度而定。顶插接法砧木应比接穗早播 3～5 天,即砧木比接穗早浸种催芽 6～7 天。当砧木苗高为 6～7 厘米、第一片真叶半展、宽度不超过 1 厘米时为嫁接适期。此时接穗心叶刚刚显露,子叶展平,嫁接时先用竹签剔除砧木生长点,然后用竹签从一侧子叶基部中脉处向另一侧子叶下方胚轴内穿刺,到竹签从胚轴另一侧隐约可见为止,扎孔深 0.4～0.5 厘米。暂时不要拔下竹签,接穗削法视竹签平面而定,单面竹签接穗削成单面,双面楔形竹签接穗削成双面。拔出竹签,立即将接穗插入孔中,使接穗平面与竹签平面吻合,且接穗平面向下。接穗子叶方向与砧木子叶方向呈交叉状(图 3-1)。

采用插接法嫁接冬瓜须注意的是:砧木南瓜的播种日期可以比冬瓜的播种日期提前 3～5 天左右,南瓜播种的种子粒距 4 厘米左右,不能播得太密,以防止出现高脚苗。冬瓜种子的粒距为 1～2 厘米。嫁接适宜形态为冬瓜苗子叶展平、砧木苗第一片真叶长到如五分硬币一样大,一般在南瓜播后 12～13 天进行。

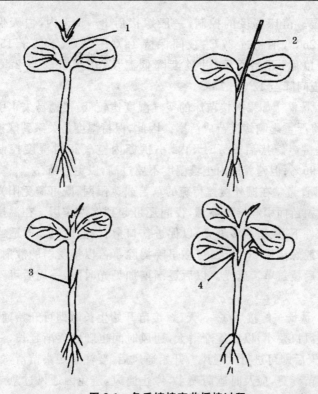

图 3-1　冬瓜嫁接育苗插接过程

1. 去掉南瓜顶芽　2. 斜向插入竹签　3. 削切冬瓜接穗　4. 插上接穗

(七)嫁接苗管理

嫁接苗成活率的高低与嫁接后的管理技术有着非常重要的关系,冬瓜嫁接苗管理的重点是为嫁接苗创造适宜的温度、湿度、光照及通气条件,以加速接口的愈合和幼苗的生长。

1. 保温　嫁接苗伤口愈合的适宜温度为 25℃左右,如果接口在低温条件下愈合得慢,将影响成活率。因此,幼苗嫁接后应立即放入拱棚内,在秧苗排满一段后及时将薄膜的四周压严,以利于保温、保湿。苗床温度的控制,一般嫁接后 3～5 天内,白天保持 24℃～26℃,不超过 27℃;夜间保持 18℃～20℃,不低于 15℃。3～5天以后,开始通风,并逐渐降低温度;白天可降至 22℃～24℃,夜间降至 12℃～15℃。

2. 保湿 如果嫁接苗床的空气湿度比较低,接穗易失水引起凋萎,将严重影响嫁接苗成活率。因此,保持湿度是关系到嫁接成败的关键。嫁接后 3～5 天内,小拱棚内空气相对湿度控制在 85%～95%;但营养钵内土壤湿度不要过高,以免烂苗。

3. 遮光 在棚外覆盖稀疏的草苫或遮阳网,既可避免阳光直接照射秧苗而引起接穗萎蔫,夜间还可起到保温作用。在温度较低的条件下,应适当多见光,以促进伤口愈合;温度过高时适当遮光。一般嫁接后 2～3 天,可在早晚揭除草苫以接受弱的散射光,中午前后覆盖草苫遮光。以后逐渐增加见光时间,一周后可不再遮光。

4. 通风 嫁接后 3～5 天,嫁接苗开始生长时即可开始通风。开始通风口要小,以后逐渐增大,通风时间也随之逐渐延长,一般 9～10 天后即可进行大通风。开始通风后,要注意观察苗情,如发现嫁接苗萎蔫,应及时遮荫喷水,停止通风,避免因通风过急或时间过长而造成秧苗萎蔫。

5. 抹芽 砧木切除生长点后,会促进不定芽的萌发,如不及时除去不定芽,将会影响对接穗的养分与水分供应。这一工作约在嫁接后一周开始进行,2～3 天除芽 1 次。

另外,要注意经常观察接穗是否保持新鲜、是否有明显的失水现象等。幼苗成活后要进行大温差锻炼,使幼苗生长健壮。注意及时去掉砧木侧芽,防止它与接穗争夺养分而影响接穗的成活。

三、冬瓜泥炭营养块育苗技术

(一)泥炭育苗营养块的突出优点

1. 无菌无害,无病虫卵　泥炭是沼泽草本植物遗体在高湿厌氧的环境中经长期堆积不完全分解而形成的富含水分、有机质、腐殖酸、多元缓释养分的松软地质体,无菌无害,不含病虫卵。采用泥炭育苗,有利于克服传统育苗老园土携带病菌、虫卵等引起土传病虫害的缺点,还可减少草害的发生,降低苗期管理中防病治虫的劳动强度、减少人力物力的投入。

2. 利于幼苗健壮生长　泥炭本身富含营养,制作育苗块时又加入多种营养,可满足蔬菜幼苗对养分的需求,保证幼苗健壮生长。有资料显示,用泥炭营养块育出的冬瓜苗茎粗增加 20%～22%,根数增加 20%～30%,根干重增加 40%～50%,叶面积增加 10%～12%,从而提高了幼苗的抗逆性,有利于培育壮苗。

3. 养分供应时间长,管理幼苗省工省时　营养块中含有大量的有机质、腐殖酸和多种缓释营养元素,养分供应可达 70～80 天,对幼苗管理极为简便,只需要按时补水即可,无须施肥。

4. 定植时无须缓苗,产品提前上市,增产增收　幼苗营养块可直接定植,不伤根,不缓苗,定植后直接进入旺盛生长阶段。有关研究表明,其产品可提早 7～15 天成熟,平均增产 20%～30%。

5. 改良土壤,培肥地力　泥炭中含有丰富的有机质、腐殖酸、纤维素和氮、磷、钾及多种微量元素,具有较强吸附性,能平衡土壤中盐分含量,调节 pH 值,有良好的离子交换能力。带营养块定植可提高土壤中有益菌群数量,增加土壤有机质,提高土壤肥力,改善土壤理化性状。

(二)育苗方法

采用泥炭营养块育苗是一种新型的育苗方式,有别于传统的育苗方式,只有正确掌握育苗方法,才能达到预期目的。

1. 种子处理 播前将种子晾晒 2 天,提前 1～2 天浸种催芽。种子露白待播。

2. 做畦铺膜 播前 1 天在育苗地做畦,畦高 5～7 厘米,畦宽 1.2 米,长度据播种数量而定,将畦面整平压实,上铺农用薄膜,防止水分渗漏外流和根系下扎。

3. 摆营养块,浇透水 在畦面的农膜上,按播种的数量整齐摆放育苗营养块(选用圆形小孔 40 克营养块),按每 100 个育苗营养块吸水 15 升浇水,分 2～3 次浇完,以利于营养块充分吸收。吸水后营养块迅速膨胀疏松,用竹签扎刺营养块,如有硬心需继续加水,直至全部吸水膨胀为止。

4. 播种覆盖 营养块吸水膨胀后的第二天,在每个营养块的播种穴里播 1 粒露白的种子,上覆 1～2 厘米厚的专用覆种土,无须按压,育苗块间隙不必填土,以保持通气透水,防止根系外扩。

5. 苗期管理 播种后对营养块不要移动、按压,否则易破碎,2 天后即会固结一体、恢复强度,方可移动。管理上视营养块的干湿和幼苗的生长情况及时补水,防止缺水烧苗。整个苗期只浇水无须施肥。定植前 3～4 天停水炼苗。定植时将营养块一起定植,在营养块上面覆土 2～3 厘米厚,栽后浇透水。

(三)注意事项

一是定植时把营养块全部埋在土中,上面至少盖土 2～3 厘米厚,定植后浇透水。二是老龄棚地等病害较多的土壤应在定植穴内适当加入杀菌剂,以防止病菌侵染。三是达到苗龄应及时定植,若不能按期定植,应采取措施防止出现根系老化和脱肥现象。

第四章 日光温室冬瓜栽培技术

一、冬春茬

利用日光温室在秋季育苗,初冬定植于日光温室,将开花结果期安排在春节前后的季节里,这种方式虽然难度最大,但却是效益最好的一种栽培方式。此茬结果时间一般从当年的 12 月中旬至翌年的 5 月份,结瓜时间长,上市期正值冬春缺菜时期,价格高,经济效益可观。

(一)生育期间的环境特点及主攻方向

在秋末气温开始下降时开始育苗(一般在 8 月中旬至 9 月下旬),育苗期温度和光照比较适宜,容易成功。定植后气温开始下降,光照逐渐减弱,对植株生长十分不利。首先温室结构必须合理,保温效果好,还要采取严格的科学的技术管理措施进行管理,才能在不良的环境下维持冬瓜的缓慢生长。

冬瓜适应温暖、湿润的环境条件,冬春茬冬瓜生产必须采用合理的日光温室设施。根据冬春季节的气候特点,日光温室必须有最好的采光屋面角度和最好的保温性能。在山东省寿光市多采用保温性极好的半地下式日光温室。这种设施的采光屋面角度为 23°~30°,后墙和山墙的厚度在 2 米以上,覆盖无滴性好、透光率高、耐低温性能强的优质薄膜,具有良好的保温、贮热功能。

(二)育 苗

1. 品种的选择 日光温室冬瓜需吊蔓栽培,必须选用中小型品种。冬春茬冬瓜目前均采用嫁接苗,其中接穗的品种要求严格,不仅在低温和弱光下能正常结瓜,而且要耐高温和耐高湿,在高温和高湿条件下结瓜能力强。此外,还要求抗病性好,对日光温室环境的适应能力强,对管理条件要求不严,遇意外伤害后恢复能力要好。

2. 确定适宜播种期 冬瓜从播种到始收商品嫩瓜所用天数多少因品种熟性而异,一般早熟和早中熟品种为110~130天。要使日光温室冬春茬冬瓜于12月中旬始收商品嫩瓜,在元旦至春节期间能大量供果应市,其适宜的播种期在8月下旬至9月上旬。

3. 育苗应掌握的要点 根据需要培育相应苗龄的自根苗或嫁接苗。

(三)定 植

1. 定植前的施基肥、整地 由于冬瓜主根入土较深、侧根多分布于0~30厘米土层,又喜有机肥料,所以定植前日光温室内要深翻、晒垡,熟化土壤,重施基肥。一般翻地30~35厘米深,每667平方米施腐熟优质基肥6 000千克以上,同时混合施入氮磷钾复合肥50千克,硫酸钾50千克,尿素20千克,磷酸钙50千克,锌、硼、铁肥各1千克。深耕使土、肥混合均匀。对于5年以上的老龄日光温室,应增施100~120千克微生物肥。如果温室中根结线虫等土传病害严重发生,要在定植前20~30天用药剂处理土壤,也可用石灰氮法处理土壤进行消毒。

2. 喷药和高温闷棚、灭菌消毒 在定植日期前12~15天施肥深翻地后,随即对温室内四周喷药灭菌。一般喷洒5%菌毒清水剂100~150倍液,每667平方米日光温室内四面喷药水100~150升,而后密封日光温室,高温闷棚消毒3~5天,晴天中午前后温室内温度可达60℃~70℃。

3. 起垄、开穴定植,"窝里放炮"施饼肥 冬瓜栽培由于整枝、架式不同,所以行、株距有异,密度不同。日光温室反季栽培冬瓜,因温室内设有拴吊架的东西向拉紧钢丝,所以宜采取整枝留单蔓吊架,高度密植。多采取大行距 90 厘米、小行距 60 厘米做栽培垄;株距 35～40 厘米,每 667 平方米定植 2 400～2 600 株。定植时开大窝,"窝里放炮"施饼肥,即每墩施充分发酵腐熟的豆饼 100 克左右,并使其与墩内土壤充分混合均匀,然后栽苗,留墩窝,浇水后再全封墩,使土埋苗垛而不埋子叶节。全棚定植完毕,覆盖幅宽 1.8 米的地膜,然后于膜下沟内浇足定植水。

4. 定植　冬春茬冬瓜一般育苗时间安排在 8 月下旬至 9 月上旬,苗龄需 40 天左右,于 10 月上中旬定植。定植后及时浇足定根水,可用 2.5%咯菌腈 2 000 倍液或 45%噁霉灵 3 000～4 000 倍液作定根水,预防枯萎病。

(四)定植后的管理

1. 环境调控　冬瓜喜强光、耐热、耐湿、怕寒冷,为防止低温寒流侵袭,对反季节栽培的冬春茬冬瓜必须及时做好光照、温度调节。在当地初霜期前半个月,就要把日光温室的草苫盖好。并注意收听本地区的天气预报,遇寒流霜冻,要提前关闭日光温室的通风门和覆盖草苫保温,使温室内夜间最低气温不低于 12℃,白天气温不低于 20℃。

冬春茬日光温室冬瓜结果前期,正处于日照短、光照强度较弱、外界气候已寒冷的冬季,就缺乏光照而言,有利于促进植株加快发育,花芽早分化形成,降低雌花着生节位,增加雌花数量。但从伸蔓到开花坐果这一生育阶段来说,则需要较长的日照、较高温度、强光照,才能促进植株营养生长和开花结果。因此,在此期管理上要适当早揭晚盖草苫,相对增加采光时间;张挂镀铝聚酯反光幕,增加反射光照;在连续阴雪雨天气要采用阳光灯增加温室内光照强度;白天缩短通风时间,减少通风量,夜间增加覆盖保温。通过上述增光、增温、保温措施,使温室内光照时间最短不短于每天8小时,昼温保持22℃～30℃,夜温保持12℃～18℃,凌晨短时温室内最低气温不低于10℃。注意昼温不可过高,过高易造成植株徒长,延迟开花结果。

冬春茬冬瓜进入开花结瓜期,植株也进入营养生长和生殖生长同时并进的双旺阶段。在光、温管理上,应加强冬、春季的增光、增温和保温,尤其特别注意加强1～2月份的光照和温度管理,使温室内白天保持25℃～30℃,最高不超过33℃;夜间保持12℃～18℃,凌晨短时间最低气温不低于10℃;遇到强寒流天气时,温室内绝对最低气温不能低于8℃。由于冬瓜耐湿力强,为了保持温室内的温度,可减少通风排湿次数和通风量。

3～4月份,随着日照时间延长和光照强度增大,上午揭草苫后,棚温上升快,到11时可达30℃以上,要注意及时通风降温,晴天可既开天窗,又开前窗(揭开前檐下的底脚膜)。长时间通风,使棚温不高于33℃。

5月份后,日光温室通风要撩起檐下前窗膜和打开天窗昼夜通风,使温室内气温与外界的昼夜气温基本相同,只是中午前后的最高气温略高于外界。为了防止有翅蚜虫和白粉虱借日光温室通风的机会从通风窗口迁入温室内,可于天窗和前窗等所有通风门安上避虫网(25～40目的尼龙纱网)。

2. 肥水管理　定植后5～10天,是确保幼苗成活的关键时期,必须保持土壤湿润,天气持续晴朗,空气干燥,需3～5天浇1次水。定植后植株开始抽蔓,根系不断扩展,但根系仍较弱小,吸肥吸水能力差,为加速抽蔓,壮大根系,要薄肥勤施,并保持土壤湿润。一般每隔7～10天追施1次腐熟人粪尿液,初始浓度为10%;随着瓜蔓伸长,浓度可增加到30%～50%。当幼瓜长至拳头大小时,及时重施坐果肥,每667平方米追施15∶15∶15三元复合肥40～45千克,间隔7～10天施1次,分2次施用,两次施肥点要分开;至冬瓜迅速膨大期,需水量大,要注意保持土壤湿润。若遇干旱,要灌溉"跑马水"。

3. 植株调整

(1)盘条　当植株长有 6～7 片真叶、蔓长为 30～40 厘米时,在植株的北侧由里向外挖一个半圆形、深 4～5 厘米的浅沟,把冬瓜的茎节和叶柄顺势埋到土中 2～3 个叶节,使叶面和生长点露出地面,此种做法称为"压蔓",俗称"盘条"。盘条的作用主要是为了促使节间发生不定根,扩大根的吸收面积,增加雌花,并有调整茎蔓使其以后生长整齐一致的作用。盘条的具体做法是:压蔓前先摘除侧蔓和卷须,然后通过盘条弧度的大小来调节茎蔓的长度,使茎蔓露在外面的长度一致,并基本处在将来系吊绳的部位,以方便上架。然后一手提着生长点使其竖起,另一只手用土埋蔓并压实,但切记不要损伤叶片。压蔓后要浇 1 次水,为了促进不定根的发生,可在压蔓的部位灌入 5 毫克/千克萘乙酸溶液或 5 毫克/千克吲哚丁酸溶液。

(2)吊架和引蔓　在每行植株上端按南北向拉一铁丝,并对每个植株拴一条尼龙绳下垂至根部,将绳系在冬瓜的根茎上,待瓜蔓再长出 30 厘米左右时,即开始引蔓上架,使吊绳与茎蔓相互缠绕在一起即可。吊架时,把系到铁丝上的绳多留出 1.5 米长,注意一定要系活扣(图 4-1)。结合引蔓要摘除多余的侧枝、卷须和雄花。

(3)落蔓　当瓜蔓龙头第一次伸到或超过铁丝(铁丝距地面 2米)时落蔓。落蔓时把活扣打开,把绳下落一些,冬瓜秧也就完成了落蔓的工序。之后再重新将绳以活扣的方式系到木杆上或顺拉在铁丝上,为下一次落秧做准备。这样做仅仅是落绳,冬瓜秧无须再往绳上绕上绕下,这样不但节省了大量的用工时间,而且冬瓜秧也不会受伤。落蔓后必须保证有 15～20 片功能叶。每根降落到垄面的蔓要顺其生长方向,呈圆环式盘绕,随着圈数增加,可随时用塑料绳松绑在一起,盘放在蔓基部内侧,以免在作业过程中被碰

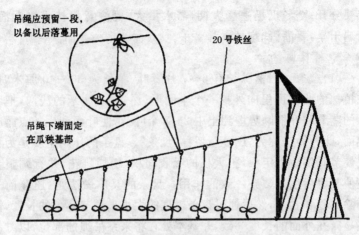

图 4-1　日光温室冬瓜吊架引蔓方式

伤或碰断,同时还可避免因灌水、垄面有时积水潮湿,导致蔓枯病的发生。温室前部较低,蔓头伸起,容易顶住棚面。因此,前部降蔓要勤些,每次降 15～20 厘米。为了保证充足的通风透光,促进光合作用,制造更多的光合产物,温室由前到后应降成一个"前低后高"的坡度梯形(参见图 4-1)。

(4)整枝　目前冬瓜整枝主要有以下 3 种方法:①单干整枝法。在主蔓生长强壮时,可在主蔓上 10 节以后相间留 3～4 个瓜,在最后 1 个瓜的后面留 5～6 片叶摘心。②多侧枝整枝法。在主蔓的基部选留 2～3 个强壮的侧枝,将其余的侧枝全部摘除,在侧枝上选留瓜,每一侧枝在瓜后 5～6 片叶摘心,以集中养分长大瓜。这种整枝方式多适于爬地栽培,而不适于温室的搭架栽培。③连续摘心整枝法。在主蔓第五节留第二朵或第三朵雌花结第一个瓜,把瓜前(不包括瓜节)所有的侧枝摘除,并在瓜后留 2 片叶摘心,待瓜节上的侧枝坐瓜后,仍在此瓜后留 2 片叶摘心,同样摘除瓜节以外的所有侧枝。待第二个瓜节的侧蔓坐瓜后,仍如前法使下个侧蔓结瓜,如此坚持下去,直至认为可以结束为止。这样的整枝方法可使瓜和秧同时旺盛生长,从而延长生育期,使结瓜数量增多,最后实现高产。

不论采取哪种整枝方式,一定要保持起码的叶果比例。一般1个瓜大约需要10片功能叶来保证其光合作用,以后各瓜必须再增加5片新叶,连同以前的老叶一起来保障这个瓜的生长。正常的整枝或由于其他原因不能保证合理的叶果比时,应考虑从被摘除的侧枝上留叶予以补足。总之,在栽培的过程中一切应灵活掌握。

当植株营养生长过旺时,即植株郁闭影响通风透光时,须及时将无用的侧枝和衰老的叶片摘除,打杈、摘心和去老叶均宜选晴天露水干后进行,以防止伤口不易愈合而引起腐烂。

(5)人工授粉和留瓜　目前,早熟品种一般都选留第二朵或第三朵雌花结第一个瓜。留瓜的方法是:将主蔓上第一朵雌花摘掉,留以后的第二或第二朵雌花,在其开放的当天9~10时,采盛开的雄花将花冠撕下,用花药在每个待授粉的雌花柱头上轻轻涂抹,一般1朵雄花可授2~3朵雌花。或用干净的毛笔蘸取花粉,轻轻地涂抹在雌蕊的柱头上。

若雄花量不足时,可用50~100毫克/千克2,4-D加入20毫克/千克赤霉素液涂抹花托和柱头。但药剂处理的坐果率不及人工授粉的坐果率高。

雌花经过授粉受精后,子房开始膨大,当其增重到一定程度时,瓜柄自然弯曲下垂,形成"弯脖"后,此时瓜已基本坐住,应加强肥水管理。若同一时段内坐瓜较多时,应选择位置合适、瓜形周正、发育快、瓜柄粗的幼瓜留住,其余的可酌情疏去。目前,生产上"惜瓜不疏"的问题比较普遍,因而造成瓜个小,影响了冬瓜上市的质量。

如果第一个瓜触及地面,可在瓜下垫上木板或草圈,以防止湿度大造成烂瓜或受到地下害虫的咬食。垫瓜时要把瓜柄调直,防止日后需要翻晒瓜时瓜柄断掉。施肥时注意不要将肥料沾到瓜上,否则会引起烂瓜。若肥料沾到瓜上应及时用清水冲洗掉。

(五)越冬冬瓜如何应对阴雨雪天气

冬季阴雨雪天气会造成保护地低温、高湿、寡照等不利于冬瓜生长发育的环境条件,尤其是连续几天的低温阴雾天气会给越冬冬瓜造成很大的危害。发生低温冷害的温室冬瓜轻者植株生长停止、化瓜甚至形成花打顶;重者植株萎蔫死棵,提前拉秧。因此,要尽可能地创造适宜冬瓜生长发育的条件,把损失降到最低限度。

1. 防寒保温,增加光照 冬季要注意收听天气预报,当寒流和阴雨雪天气到来之前,要严闭温室,夜间加盖整体浮膜(即盖草苫后,再覆盖一整体薄膜),温室后墙和山墙达不到应有厚度的,可在墙外加护草及薄膜等加强保温。必要时,向阳面的温室底角夜间增盖一层草苫以提高温室内夜间的温度,严寒季节可在棚前裙加盖麦秸或其他覆盖物以加强保温。

只要不下雨、不下雪,都要坚持揭开草苫,利用微弱的散射光增加温室内温度,补充光照,使冬瓜植株进行光合作用,避免冬瓜植株长时间处于黑暗状态而造成根、茎、叶生长严重失衡。此外,还要经常清扫日光温室棚膜表面,增加棚膜透光率,增强冬瓜植株的光合作用。

为了保温,阴雨雪天气时一般情况下不通风,但当温室内空气相对湿度超过85%时,可在中午前后短时间开天窗,小通顶风排湿。每天拉开草苫时间的长短,可根据棚温的变化决定。揭开草苫后,若温度下降,应随揭随盖;若温度稍有回升,可以在下午2～3时以前把覆盖物重新盖好。阴天时要尽量减少出入温室的次数,尽可能保持棚温。

如持续阴天时间过长,应在温室内设置灯泡提温增光。可在温室中间,每间设置灯泡一个。若遇上雨雪天气,上午不能拉开草苦,应打开灯泡,若夜温过低,可在下午5时左右将灯泡打开,到夜间10时左右关闭,这样可有效提高棚温2℃~3℃。

2. 预防病害发生流行 由于很多种病害都是在低温、高湿的条件下发生流行的,所以阴雨雪天气时降低温室内湿度成为预防病害发生、流行的最主要手段。如温室内温度低不宜进行通风降湿时,可通过田间撒施草木灰的方法吸湿,以降低温室内湿度,减轻病害的发生。如病害发生后,不宜采用喷雾的方法防治,应采用熏烟或喷粉尘剂的办法防治病害。

此外,使用滴灌对冬瓜进行浇水、施肥,能大大降低温室内的湿度,减少病害的发生。

(六)冬季连阴天过后如何对冬瓜进行管理

当连阴天过后,天气转晴时,不要急于一下子将草苦全部拉开,要避免植株在阳光下直射而造成冬瓜植株萎蔫,要采取"揭花苦"的方法逐步增温增光,对受强光照而出现萎蔫现象的植株及时盖草苦遮荫,并随即喷洒15℃~20℃的温水,同时注意逐渐通风,防止闪秧闪苗。若保护地使用了卷帘机,可以通过分次揭苦的方法见光,即第一次先揭开1/3,不出现萎蔫时再揭开1/3,第三次才将全棚揭开,让冬瓜秧有一段适应的过程,防止急性萎蔫发生。

另外,若出现了受冻植株,可先通过喷温水的方法(温度不能太高,可以掌握在10℃~15℃,根据当时的具体情况决定;受冻严重时,水的温度要稍低)进行缓解后再用2.85%硝·萘酸水剂6 000倍液或纳米磁能液(由达到纳米级程度的中草药等萃取液提炼而成,含有硼、钼、锌、铁、铜、镁等微量元素)2 500倍液进行叶面喷洒,以促进植株生长加快。

当冬瓜出现花打顶时,可以适当疏掉一些幼瓜,以利于枝蔓伸长。另外,喷施植物生长调节剂丰收一号,也有利于增强冬瓜植株机体恢复能力。

连阴天后,冬瓜的根系会受到不同程度的伤害,会降低其对水分、养分的吸收能力,因此天气转晴后,可以喷施叶面肥,增加营养元素。也可以用甲壳素等灌根,补充营养,促进新根生成。

二、早 春 茬

利用日光温室在寒冬季节育苗,初春定植于日光温室,将开花结果期安排在温光较好的季节里,这种方式是目前较为普遍的一种栽培方式。该茬冬瓜一般从 4 月份开始上市,产量高峰期集中在 5～6 月份,若不急于赶茬,可延续到 8～9 月份结束采收。

(一)生育期间的环境特点及主攻方向

日光温室早春茬栽培冬瓜的播种育苗时间是由温室的性能来决定的。温室条件好的,可在 12 月上中旬开始育苗,1 月中下旬开始定植;温室温度条件差的,可在 12 月下旬至翌年 1 月中下旬播种育苗,2 月下旬至 3 月上旬定植于温室中。

一年中,12 月至翌年 1 月是全年中低温、寡照环境条件最差的时期,在此时如何培育出适龄壮苗是生产成功的关键之所在。加强苗期的管理,培育优质壮苗,是生产上的主攻方向。可在温室中进行电热温床育苗。

(二)育 苗

1. 品种选择 早春茬冬瓜同冬春茬一样要求所选品种要在低温和弱光下能正常结瓜;同时,还要耐高温和耐高湿,在高温和高湿条件下结瓜能力要强。此外,要求抗病性好,对日光温室环境的适应能力强,对管理条件要求不严,在意外伤害后恢复能力要强。

2. 播种期确定 早春茬冬瓜一般苗龄为 40～50 天,定植后约 80 天开始采收,从播种至采收历时 110～130 天。早春茬冬瓜一般要求在 4 月前后开始采收,以便到 6 月份进入产量的高峰期。由此推算,正常的播期应在前年 12 月中上旬。

3. 育苗应掌握的要点 在日光温室内采取电热温床法育苗。早春茬冬瓜育苗时采用一次播种育成苗的方式,即将出芽的种子播入营养钵或营养穴盘中,不要再分苗。苗床要选择日光温室采光条件较好的部位,一般育供 667 平方米地栽植的苗需 20 平方米左右。

(三)定 植

1. 定植前的准备工作 包括施基肥、整地、起垄等,其具体做法参阅日光温室冬瓜冬春茬栽培。

2. 定植时期 一般播种后 40 天左右,幼苗具 3 叶 1 心时,选择晴天上午进行定植。

3. 定植方法 垄上按 35～40 厘米开穴,在定植穴中点施磷酸二氢钾,每穴施 5 克。将幼苗去掉营养钵,带坨放入穴中后浇水,水渗下后 2～3 小时封垄。封垄后小沟内浇水,以利于缓苗。

(四)定植后的管理

1. 环境调控 定植后缓苗前一般不通风,使温室内保持较高的温度,以促进缓苗。如果在缓苗期遇上阳光充足的天气,秧苗在中午易萎蔫,这是由于秧苗刚定植,根吸收能力差,而高温下地上部通过茎叶向外蒸腾的水量增加,使植株出现生理干旱现象。如果植株萎蔫现象比较严重,可把温室上的草苫隔一张揭一张,萎蔫状消失后,再把草苫全部卷起。第二天中午如再出现类似现象,则需进行遮荫处理,直到萎蔫状消失为止。

缓苗后,将温度控制在白天 27℃～30℃,夜间 15℃左右。一定要保持棚面清洁,有条件的还要在温室后墙张挂反光幕,以提高温室内的温度。

冬瓜坐果后,要适时早揭晚盖草苫,延长光照时间,并保证光合作用所需的温度,白天保持 28℃～30℃,夜间保持 15℃～18℃。进入 4 月份后,气温升高,要加大通风量,并延长通风时间。

2. 肥水管理　在定植水浇足的情况下,冬瓜缓苗后直到开花坐果前一般无须浇水,如需浇水时,也应浇小水,而且浇水后要及时通风排湿,浇水应选择在晴天上午进行。第一雌花开放前后切忌浇水,以免引起化瓜。当第一个冬瓜坐住并迅速膨大时,要及时浇"催瓜水",这次浇水后,要使土壤经常保持见干见湿的状态,每隔 10～15 天浇水 1 次,每 667 平方米温室每次浇水随水冲施氮磷钾三元复合肥 5～10 千克,冬瓜近成熟时,适当控水。

3. 植株调整　采取吊蔓方式,只留主蔓,不留侧蔓,根据市场情况,可留 2～3 个瓜,也可多留瓜,在最上部的瓜坐住后可留 5～6 叶摘心。吊蔓的方法是:每株用一根尼龙绳,上端固定在温室的骨架或铁丝上,下端轻轻地绑在植株茎基部,将瓜秧缠绕在绳上,以后每 2 天检查 1 次,发现龙头下垂时,及时扶上吊绳。

4. 人工授粉　为提高坐果率,可在开花期每天上午 9～10 时进行人工授粉。将当天开放的雄花摘下,在雌花的柱头上轻轻地抹一下即可,1 朵雄花可涂抹 2～3 朵雌花。也可在开花当天用坐果灵溶液(每片坐果灵对水 0.5～0.8 升)蘸花,以防止化瓜。

5. 吊瓜　当瓜长到 150～200 克时,用网兜或塑料绳吊瓜。吊瓜的高度要比瓜着生的茎节节位稍高,以防止瓜大扯秧。

(五)采　收

冬瓜收获的重量没有固定的标准,长到一定大小即达到食用成熟度时,便可采摘上市。但当瓜长到 1～2 千克(有的品种要大一些)、靠近瓜柄处出现白粉时,就应抓紧采收上市。嫩瓜皮含水量多,不耐贮藏和运输,采收后要立即上市。

(六)二茬瓜的管理

头茬瓜采收之前,顶端所留子蔓上的雌花一般全部摘除。头茬瓜采收后立即施肥浇水,一般每 667 平方米施尿素 20 千克。头茬瓜采收后 7～10 天,选留子蔓上生长发育良好的雌花并用坐瓜灵进行处理,然后按头茬瓜的方法进行管理,一般坐瓜后 25 天即可采收。由于二茬瓜生长发育期间温光条件较为适宜,因此该茬瓜比头茬更大,一般能达到 3 千克以上,大瓜超过 5 千克。二茬瓜采收后,如瓜蔓生长正常,市场行情较好,也可继续管理收获三茬瓜。

三、秋冬茬

该茬瓜从播种至坐瓜初期正处于仲夏至仲秋高温季节,其结瓜期处在秋末至冬春的低温和寒冷期,所以该茬冬瓜应选用苗期至坐瓜初期耐热性较强的早中熟品种。日光温室秋冬茬冬瓜多在 7 月末至 8 月中下旬播种,8～9 月份定植,12 月份开始上市。

(一)生育期间的环境特点及主攻方向

由于受栽培季节的限制,日光温室冬瓜育苗期间的环境比较特殊。育苗期间正值高温、多雨季节,而结果期气温又急剧下降,整个生育期多数时间处于不适宜的环境条件下栽培,如栽培技术掌握不好,常会出现坐瓜少,坐瓜晚、产量低等现象。因此,该茬冬瓜的主攻方向是培育冬瓜壮苗,为丰产打下基础。在结果期做好保温防寒工作,以便取得更高的产量及效益。

(二)育　苗

1. 品种选择　秋冬茬冬瓜原则上要选用早熟冬瓜品种。早熟品种雌花出现得早坐瓜也早,能充分利用 9～10 月份的光热条件,有利于瓜的膨大。

2. 播种期确定　日光温室秋冬茬冬瓜播种日期非常关键。过早播种由于天气炎热秧苗容易徒长,易染病毒病;播种过晚积温不够影响产量。适宜的播种期应掌握在 7 月 20 日前后。

3. 嫁接育苗　育苗期正处在 7～8 月份高温季节,因而高温育苗又成为生产上的一大难题,随之又带来病毒病、白粉虱、伏蚜和茶黄螨等病虫害的严重发生。因此育苗的关键是避免强光照射苗床和雨水冲刷苗床,防止苗床积水;杜绝白粉虱、蚜虫等病毒传播媒介进入育苗床内。具体应掌握以下几点:晴天中午前后要用遮阳网对苗床进行遮荫,避免强光照射苗床;雨天要用塑料薄膜对苗床进行遮雨,不要让雨水进入育苗床内;要用防虫网密封苗床,防止白粉虱、蚜虫等进入育苗床内;采用穴盘育苗技术进行护根育苗,充分保护根系;定期喷药预防病害。一般从出苗开始,每周喷 1 次药,可交替喷洒多菌灵 800 倍液、甲霜灵 600 倍液以及吗·乙酸铜 500 倍液等;秋冬茬冬瓜育苗期间温度高,很容易引起徒长。可采用化学药剂控制茎蔓的生长速度,一般喷洒浓度为 10 毫克/千克的 15% 多效唑,或 200 毫克/千克矮壮素可缩短冬瓜茎节,减少瓜蔓长度,增加瓜蔓粗度;利用草苫适当控制日照时间,以促进茎叶生长和雌花分化。

(三)定　植

在 8 月中旬至 9 月上旬,当瓜苗长至 3 叶 1 心、苗龄为 30 天左右时定植于日光温室中。在日光温室内先深翻整地,施足基肥,每 667 平方米施腐熟的有机肥 4 000 千克、磷酸二铵 50 千克或氮磷钾复合肥 50 千克。地下害虫严重的地块要喷洒杀虫剂。做南北向高垄，垄高 20 厘米，宽 50 厘米，垄距 70 厘米。定植株距为 35 厘米，每 667 平方米定植 2 700 株，定植后浇 1 次透水。在定植过程中苗要轻拿轻放，避免产生伤口，发生疫病。

(四)定植后的管理

1. 环境调控　秋季冬瓜雌花出现比较晚，夜温低于 16℃时雌花出现比较多。日光温室在 9 月中旬应该覆盖好棚膜，夜温控制在 15℃，白天最高温控制在 32℃。进入 10 月份要备好草帘保温。上棚膜之后，空气湿度加大要注意通风，以大幅度降低日光温室内的湿度，减少结露。

2. 肥水管理　浇定植水后 3～5 天内再浇 1 次缓苗水，随后进行中耕。在小高畦上覆上地膜，地膜覆至苗的基部即可。坐瓜前如果天气过于干旱、炎热，下午叶片萎蔫不能及时恢复时，可适量浇水。9 月下旬至 10 月上旬瓜的直径长至 6～7 厘米、瓜把开始朝下生长时，要浇 1 次催瓜水，水要浇透，同时每 667 平方米追施尿素 15 千克。10 月上中旬瓜的直径长至 10 厘米时再浇 1 次水，每 667 平方米随水施入硫酸铵 20 千克。10 月下旬再浇 1 次水。进入 11～12 月份土壤湿度低于 60％时仍需浇水。

3. 植株调整　定植以后蔓长至 7～8 节时用吊绳吊架，及时打去卷须和侧蔓。冬瓜为主蔓结瓜，坐瓜的花是雌雄两性花，为了保证整齐坐瓜，每天上午 10 时左右要进行人工授粉。天气转冷、温度偏低时雄花出粉晚，可在午间进行授粉。花粉要均匀地抹在雌花柱头上，使授粉完全，瓜形才周正。每株授粉 2～3 个瓜，在瓜直径长至 4～5 厘米时，在第十五节左右选留 1 个瓜形周正、外皮光亮无病虫害的瓜，其余的瓜则摘掉。如果计划生产个头较小的"酿冬瓜"，可以留下 2～3 个瓜，最好留下相邻节位的瓜，在直径为 10 厘米左右采嫩瓜上市。瓜逐渐膨大以后，瓜的摆放要注意朝向,要让瓜的脐部朝下,以保持瓜形美观;个头大的瓜应设瓜托托住,或松开蔓落地,以免坠断瓜秧。在坐住瓜的节位向上留5～6片叶摘心,摘心的时间越早越好,一般在叶片尚未展开、还在龙头内就摘去生长点。

(五)采 收

冬瓜的收获时间可以根据市场需求情况确定。喜食嫩瓜的地区可以随时上市,喜食老瓜的可以在拉秧时收获。老熟瓜也可留在瓜秧上保鲜一直供应至春节。老熟瓜外部有浓厚的白色蜡粉,收摘时不要碰掉,连带瓜柄收摘。选择干燥通风、气温不低于5℃的地方贮存,注意防止冻害和腐烂,一般可以贮存数月。

第五章　日光温室冬瓜土壤障碍控防技术

一、土壤板结

(一)土壤板结的表现

日光温室土壤表层形成片块状、土壤黏重、透气性差、渗水慢，说明土壤团粒结构遭到严重破坏。这种情况多出现在种植多年的或者使用推土机新建造的冬瓜日光温室，这是土壤板结严重的表现。

(二)土壤板结的原因分析

1. 施用化肥不合理　长期单一地施用化肥，腐殖质不能得到及时补充，会引起土壤板结，还可能龟裂。向土壤中过量施入氮肥后，微生物的氮素供应增加 1 份，相应消耗的碳素就增加 25 份，所消耗的碳素来源于土壤有机质，导致有机质含量低，影响微生物的活性，从而影响土壤团粒结构的形成，导致土壤板结。向土壤中过量施入磷肥时，磷肥中的磷酸根离子与土壤中钙、镁等阳离子结合形成难溶性磷酸盐，既浪费磷肥，又破坏了土壤的团粒结构，致使土壤板结；向土壤中过量施入钾肥时，钾肥中的钾离子置换性特别强，能将形成土壤团粒结构的多价阳离子置换出来，而一价的钾离子不具有键桥作用，土壤团粒结构的键桥被破坏了，导致土壤板结。

2. 使用推土机筑墙体　新建日光温室时，推土机把熟土层（即耕层）推到墙体上，而留下的耕作土壤为原来的生土层，土壤中有机质含量较低,土壤多为柱状或块状结构,而团粒结构含量很少,土壤非常黏重,通气、透水性极差,不利于冬瓜根系的生长发育;土壤缓冲能力弱,已造成盐分积累,发生次生盐渍化。

3. 优质有机肥投入量少 改良土壤、培肥地力的土壤有机质含量不高,土质更新缓慢导致土壤肥力下降,造成土壤板结。

4. 灌水不科学 大水漫灌或沟灌,破坏了灌溉行土壤团粒结构,造成土壤板结,通气、透水性能变坏。

5. 栽培管理不善 冬瓜定植后,在整枝、打杈、喷药、施肥、采收等管理工作中,操作行土壤被踩压、踏实,也是造成土壤板结的重要原因之一。

(三)改良措施

1. 增施有机肥料 有机肥料的使用应当切实注意有机质的含量问题,因为只有高有机质含量的有机肥料才具有培肥地力、改良土壤的效果,而含氮量高的有机肥料改良土壤效果不十分明显。如鸡粪含氮量较高,在土壤中分解较快,培肥地力、改良土壤的效果较差。

2. 实行秸秆还田 秸秆包括麦穰、麦糠、粉碎的玉米秸等,都是目前较好的有机肥资源,其有机质含量高,改土效果非常明显。一般在作物定植前 20～30 天,每 667 平方米施用 1 000 千克左右的秸秆,灌足水、盖上地膜、盖严日光温室薄膜闷棚,既具有改良土壤的良好效果,还能有效地消除日光温室土壤的次生盐渍化,并且投资少、见效快。

3. 增施微生物肥料 土壤中施入微生物肥料,微生物的分泌物能溶解土壤中的磷酸盐,将磷素释放出来,同时也将钾及微量元素阳离子释放出来,以键桥形式恢复团粒结构,消除土壤板结。

4. 使用高效土壤改良剂"松土精" "松土精"是英国汽巴净化水处理有限公司采用国际尖端科学技术生产的高效土壤改良

剂。它能有效地增加土壤团粒结构,消除土壤板结;使土壤渗水、保肥、保水能力大大增强;提高土壤的通气性,促进土壤有益微生物的生长发育,提高肥料利用率,减少土传病害的发生,使冬瓜根系粗壮、增产效果明显,尤其在冬春低温季节表现更为突出。据测定,每 667 平方米使用 500～1 000 克"松土精",改良效果明显。可作基施、冲施肥施用。

5. 适度深耕　适度深耕应为 30 厘米左右,有利于保护土壤耕作层结构不被破坏和作物根系的生长。

二、土壤盐害

(一)土壤盐害的表现

土壤发生盐害后,地表出现白色的结晶物,特别在土层干旱和日光温室休闲期易发生。个别严重的地块出现青霉和红霉,为磷、钾过剩所滋生的微生物。

盐害对冬瓜的影响可分为四个阶段。

第一阶段:土壤盐分浓度在 0.3% 以下,在此阶段冬瓜基本上没有盐害表现。

第二阶段:土壤盐分浓度达到 0.3%～0.5%,此时冬瓜也没有直接表现盐害症状,但已受到间接的生理病害,根系发育受严重影响。在气温升高时,植株发生萎蔫,增加灌水量,萎蔫也不能消除,易引起其他病害,产量下降。土壤干燥时,表层出现坚硬的结皮层。

第三阶段:土壤盐分浓度升高至 0.5%～1%,这时冬瓜表现出生理病害症状,生长受到抑制,叶小并萎缩,叶色深绿,叶缘翻卷;生长点处嫩叶表现出叶缘黄化和卷缩,中部叶片边缘出现坏死斑,严重时连成片,呈现似镶金边的症状;根系发黄,不发新根。在土壤并不缺水的情况下，植株白天萎蔫，但到早晨又恢复生机，如此循环最终枯死，造成绝产。

第四阶段：土壤含盐量超过1%，冬瓜幼苗不能成活，即使成活的冬瓜苗地生长缓慢，叶缘出现褐色枯斑，根系发黄，生长点受损，植株出现萎缩，并逐渐枯死。

(二)土壤盐害的原因分析

1. 盲目施肥形成土壤盐害　有的菜农对各类肥料在植株生长发育中所起的作用和所产生的影响了解不够全面，主要表现在以下3个方面：一是偏施某一种肥料。寿光市以前最普遍的做法是基肥大多以含养分较高但盐分也较多的鸡粪为主，这样便将较多的盐分带到土壤中，使土壤产生盐害，但仍误认为多施肥能高产出，不考虑作物需肥量及种类，盲目和大量地施肥，致使肥料利用率降低，且造成土壤中氮、磷、钾比例失调，引起土壤盐分偏高。二是生施人、畜粪尿和施入带有大量副成分的化肥，造成土壤盐渍化。三是盲目增施化肥。化肥施入土壤以后，一部分被作物吸收，一般利用率在20%左右，大部分随水流失或被土壤固定，这部分占总施肥量的80%左右。被土壤固定的盐和地下水上行导致的返盐，造成了土壤的积盐现象。

2. 日光温室设施的特定环境容易形成盐害　日光温室是人为创造的有利于冬瓜反季节生产的小环境，一般盖膜时间较长，特别是日光温室冬瓜一年内揭去顶膜时间仅为6月至10月，甚至常年不去顶膜，雨水冲刷时间较短，为盐分积累创造了条件。此外，日光温室内温度相对较高，土壤水分被植株吸收的数量和蒸发量较大，地下水中的盐分随水带到耕作层而积聚。

3. 土质黏重　土质黏则保肥性强，养分流失少，特别是在日光温室内无雨水淋洗，肥料用量比露地栽培大，长期耕作后加重了土壤盐化。尤其是连作土壤年复一年，土壤障碍有增无减。

4. 不良的耕作措施　浅耕、面施肥料、表面灌溉等栽培措施也加剧了盐分向表土集中，如果日光温室土壤的地下水位高，排水不畅，也容易引起盐分在土表积聚。

(三)改良措施

1. 地膜覆盖　日光温室冬瓜垄面覆盖地膜，除能保温、保水、保肥、驱蚜虫和降低株间湿度外，还有抑制土壤盐渍化的作用。据试验，对盖膜畦与不盖膜畦的对比测定结果，盖膜畦 0～5 厘米土层的含盐量为不盖膜的 60%。但是这种治盐方法只是暂时的治标措施，因为此法的作用仅局限在 0～5 厘米土层，对 5～25 厘米土层内总盐量并没有减少，揭膜后盐分仍会随土壤水分运动而上升。

2. 深耕灌水洗盐　日光温室冬瓜收获后，利用休闲期深耕整平，做成大畦后浇大水 1～2 次洗盐，如果能利用地下管道排水更好。

3. 种植吸盐作物　利用温室休闲阶段种植苜蓿、绿豆、大豆或玉米等吸盐作物，为不误下茬冬瓜种植，可作为牲畜的青饲料及时拔除。

4. 增施有机肥料　每 667 平方米可增施牛马粪若干立方，也可把作物秸秆铡碎撒施深翻于土壤中，每 667 平方米以施用 1 000 千克为宜。如果施用草炭或稻壳、麦壳 10 立方米以上，效果更好，还可配合基施优质猪肥或鸡粪 10 立方米以上。

5. 增酸压碱　如果测试土壤 pH 值超过 7.5 以上时，每 667 平方米土壤随水冲施醋酸溶液（食醋）10 千克左右，也可随水冲施磷酸铜 2～3 千克。

6. 科学合理地施用化肥和土壤结构改良剂　根据土壤养分分析及肥料试验结果，确定最适宜的施肥量和最协调的肥料养分配比。改变施肥方式，深施基肥，限量追肥。用化肥作基肥时，将化肥与有机肥混合撒入地面,然后进行深翻。追肥一般较难深施,应严格控制每次施肥量,宁可增加追肥次数,也不可一次施得过多。合理使用化肥,亦可降低土壤中的硝酸盐浓度。追肥时可采用滴灌施肥技术,同时大力推广根外施肥。保护地内施用较好的肥料有腐殖酸类肥料,此类肥料能活化土壤,使土壤疏松,能够源源不断供给作物生长所需的各种营养元素,肥效期长,并含有刺激作物生长素,可促进作物生长发育,提高抗逆性,作基肥、追肥均可。另外,可根外追施土壤磷素活化剂、EM 原露等生物制剂,能提高肥料利用率,降低肥料投入,提高冬瓜的抗重茬、抗病虫害能力,增强植物代谢功能,在一定程度上可缓解连作障碍,减轻土壤酸化和盐渍化。

7. 合理灌溉　日光温室冬瓜应尽量采用沟灌或滴灌,防止大水漫灌。沟灌能够保持土壤表层干爽,使耕作层水气协调。滴灌更能保持耕作层土壤湿润,维护土壤团粒结构,减弱水分向上运动。而大水漫灌会破坏土壤良好结构,使土壤理化性质变劣,导致冬瓜作物根系因呼吸作用受阻而生长缓慢。采用滴灌或微喷灌技术,改变传统灌溉技术。保护地不宜小水勤施,应浇足灌透,将表土聚集的盐分下淋和降低土壤溶液浓度。可采用滴灌、微喷灌等节水灌溉措施,降低温室内湿度,减轻冬瓜病害发生,有效地防止土壤板结;并以水调肥,以较好地防止土壤盐害加剧和酸化。

8. 加深土壤耕作层　由于日光温室等保护地土壤的盐类积聚在土壤表层,所以在蔬菜收获后要深翻土地,把富含盐分的表土翻到下层,把相对含盐较少的下层土壤翻到表层,这样可大大减轻盐害。

以上改良盐渍化土壤的措施,采用时要因地制宜,可根据实际情况分别实施,也可综合运用。

三、土壤酸化

(一)土壤酸化的表现

土壤酸化主要表现在以下 4 个方面：①酸性土壤滋生真菌，根际病害加重，且控制困难，尤其是冬瓜青枯病、黄萎病增多。②土壤结构被破坏，土壤板结，物理性变差，冬瓜抗逆能力下降，抵御旱涝自然灾害的能力减弱。③在酸性条件下，铝、锰的溶解度增大，有效性提高，对冬瓜产生毒害作用。④在酸性条件下，土壤中的氢离子增多，对冬瓜吸收其他阳离子产生拮抗作用。

(二)土壤酸化的原因分析

土壤酸化的原因主要有以下 4 点：①日光温室冬瓜的高产量，从土壤中带走了过多的碱基元素，如钙、镁、钾等，导致了土壤中的钾和中微量元素消耗过度，使土壤向酸化方向发展。②大量生理酸性肥料如硝酸铵、硫酸铵的施用，加之日光温室温湿度高，雨水淋溶作用少，随着栽培年限的增加，耕层土壤酸根积累严重，导致土壤酸化。③由于日光温室复种指数高，肥料施用量大，导致土壤有机质含量下降，缓冲能力降低，土壤酸化问题加重。④高浓度氮、磷、钾复合肥的投入比例过大，而钙、镁等中微量元素投入相对不足，造成土壤养分失调，使土壤胶粒中的钙、镁等碱基元素很容易被氢离子置换。

(三)改良措施

1. 增施有机肥　增施有机肥，不仅可增加日光温室土壤的有机质含量，提高土壤对酸化的缓冲能力，使土壤 pH 值升高，而且日光温室中有机物料分解利用率高，可增加土壤有效养分，改善土壤结构,并能促进土壤有益微生物的发展,抑制冬瓜病害的发生。

2. 平衡施用化肥　根据土壤养分含量状况、冬瓜产量水平及需肥规律,合理施用氮、磷、钾及微量元素肥料,既可协调土壤养分平衡,又可减缓土壤盐渍化和酸性化。同时,减少硫酸铵、氯化铵、氯化钾等生理酸性肥料的施用。

3. 施入生石灰改良土壤　生石灰施入土壤,可中和土壤中的酸性,提高土壤 pH 值,直接改变土壤的酸化状况,并且能为冬瓜补充大量的钙。

生石灰的施用方法:将生石灰粉碎,使之大部分通过 100 目筛。整地前将生石灰和有机肥分别撒施,而后通过耕耙使生石灰和有机肥与土壤尽可能混匀。

生石灰的施用量:土壤 pH 值为 5～5.4 的,施生石灰 130 千克(每 667 平方米用量,以调节 15 厘米酸性耕层土壤计,下同);土壤 pH 值为 5.5～5.9 的,施生石灰 65 千克;土壤 pH 值为 6～6.4 的,施生石灰 30 千克。

四、土壤养分元素失调

(一)表　现

土壤营养元素比例失调时,肥料利用率偏低,整体肥力水平低。

(二)原因分析

1. 施肥量大,结构不合理　不少菜农受"施肥越多产量越高"的观念影响,为了获取较高产量和经济利益,化肥投入过大,造成部分日光温室特别是高龄日光温室土壤氮、磷、钾有一定的盈余,氮、磷、钾施用比例不协调。由于受习惯做法的影响,有的菜农偏施尿素、碳酸氢铵等氮肥,有的菜农偏施磷酸二铵等含磷量极高的复合肥,造成磷含量偏高,而钾及其他元素相对不足,成为影响日光温室冬瓜高产的障碍因素。同时,由于过量的不平衡施肥,造成土壤盐积累和硝酸盐污染。硝酸盐的积累与总盐的积累有相同的趋势,土壤中硝酸盐的积累会导致冬瓜中硝酸盐含量超标。硝酸盐在人体内易转变成致癌物,危害人们的健康。许多菜农偏施氮、磷、钾肥而对微肥重视不够,施用少或不施,使土壤中养分不平衡性加剧,引起冬瓜生理病害增多。

2. 忽视粗有机肥的施用　有的菜农只注重施禽粪肥、菜籽饼、人粪尿等精有机肥,由于这些速效性有机肥浓度高,分解快,能在土壤中及时转化为无机养分,在化肥用量本身较高的情况下,更加剧了土壤中肥料过量,导致土壤酸化、盐化。而粗有机肥肥料如猪、羊栏肥和稻草秸秆用量少或不用,不利于改良土壤和补充营养元素。

(三)改良途径

1. 增加有机肥料施用量,加快培肥地力　有机肥料、作物秸秆是土壤有机质的主要来源,同时富含多种作物生长所需的营养元素。施用有机肥料、实行秸秆还田能改善土壤的理化性状,促进作物对化学肥料的吸收,提高化肥利用率,改善农产品品质。更主要的是增加了土壤有机质含量,提高土壤保肥、供肥能力,为稳产高产奠定基础。因此,日光温室土壤施肥应以优质有机肥料为重点。

2. 大力推广配方施肥　开展作物配方施肥,改变传统、盲目的施肥为定量、科学的施肥,充分提高肥料的利用率和作物产量,改善产品品质,提高经济、生态和社会效益。配方施肥就是按照栽培目标,科学地设计并实施最佳施肥方案,实现以最少的投入,取得最佳经济效益,其核心是根据土壤养分检验及肥料试验结果,确定最适宜的施肥量和最协调的肥料养分、种类配比。冬瓜以目标产量 10 000 千克/667 米² 计,最佳用量为 N 33 千克、P_2O_5 25 千克、K_2O 27 千克/667 平方米,其比例为 1.3∶1∶1,折合尿素(N 46%)71.7 千克、过磷酸钙(P_2O_5 14%)178.6 千克、硫酸钾(K_2O 50%)54 千克。用 1/3 作基施,2/3 分多次追施。

3. 推广施用生物肥料　增施生物肥料,可促进冬瓜吸收利用土壤中的营养元素,有助于土壤中营养元素肥效的提高,减少化肥使用量。据检验结果,部分日光温室土壤氮、磷、钾含量较高,土壤表层盐分积累严重,作物生理缺素增多,其原因在于施肥不合理。有的菜农寄望于高肥量投入,比正常用量多几倍乃至几十倍化肥的投入,致使产生肥害和土壤障碍。这种做法必须改变,要重视合理增施生物肥料,如根瘤菌肥、固氮菌肥、解磷菌类肥、解钾菌类肥或几种菌类的复合肥,因为这类肥料养分全,肥效平稳,对于冬瓜高产优质,活化土壤中的氮、钾、磷及镁、铁、硅等元素,提高磷、钾及某些土壤中的微量元素的有效性及其供应水平,减轻土壤障碍因子具有独特的作用,也是生产绿色食品冬瓜的理想配套肥料。

五、土传病害

(一)表　现

多年种植冬瓜的日光温室,土壤中病原菌数量远高于一般大田,作物根系极易受到病原菌侵染而发生,枯萎病、根腐病等。

(二)原因分析

日光温室复种指数高是造成土传病害增多的原因,具体表现在以下两个方面:一是日光温室冬瓜连作较为普遍,使各种病原菌易在土壤表层大量积聚,特别在日光温室小气候环境下迅速生长繁殖,病原菌的数量急剧增多;二是冬季日光温室保温设施为病原菌安全越冬提供了良好的条件。

(三)防治措施

1. 实行轮作　轮作是防治土传病害经济有效的措施,合理进行作物间的轮作,特别是水旱轮作(例如,6~7月份在日光温室休闲期种1茬水稻),对预防土传病害的发生可收到事半功倍的效果。

2. 选用良种　选用抗病的冬瓜品种,可大大地减轻土传病害的危害。

3. 改进栽培方法　通过改进栽培方法可达到防止土传病的目的。栽培防病有如下几种方法:①深沟高畦栽培,小水勤浇,避免大水漫灌。②合理密植,改善作物通风透光条件,降低地面湿度。③清洁温室,拔除病株,并在病穴内撒施石灰。④避免偏施氮肥,适当增施磷、钾肥,提高作物抗病性;在作物生长中后期结合施药,喷施叶面肥2~3次。

4. 土壤消毒　①石灰消毒。在土壤翻耕前每667平方米撒施石灰50~100千克。石灰既可杀菌又可中和土壤的酸度。②大水浸泡。有条件的地方可利用作物休闲季节,将水堵起来浸泡土壤。浸泡时间越长,防病效果越明显。如果浸泡20天以上,可基本控制线虫危害。③高温消毒。在高温季节将日光温室土壤翻耕后盖上地膜,温室上盖上棚膜,地面温度可达到50℃以上,能杀死土壤中部分病菌。④药剂消毒。防治真菌性病害可选用30%噁霉灵500~800倍液、30%(噁霉灵+甲霜灵)1 000倍液、5%井冈霉素水剂500~800倍液淋施土壤,还可用噁霉灵500~1 000倍液淋施土壤,或按每667平方米用药3~5千克拌适量细土均匀撒施。防治细菌性病害,可选用88%水合霉素(由放线菌经发酵培养制成的抗生素类杀菌剂)1 000倍液、72%农用链霉素3 000~

5 000 倍液或适量络氨铜淋施土壤。采用药剂进行土壤消毒应在播种前进行。

5. 增施有机肥 坚持有机肥、无机肥相结合的施肥体系,增施有机肥,最好施用纤维素多(即碳氮比高)的有机肥,对增加土壤有机质,改善土壤理化性质,增加土壤团粒结构和孔隙度,丰富作物营养元素特别是微量元素,增加土壤有益微生物的数量和活性,抑制有害微生物的繁衍生长,使土壤水、肥、气、热诸肥力要素和谐具有重要作用。同时,还能提高土壤的吸附能力和阳离子交换量,增强土壤持水持肥能力,从而缓解土壤次生盐渍化的发生,有利于提高作物的抗逆能力,增加作物的产量,改善作物品质。

六、利用石灰氮进行土壤综合改良

连作 3 年以上的日光温室,普遍发生根结线虫和死棵的问题,有的甚至造成了毁灭性的损失。因此,如何杀灭根结线虫,解决好冬瓜死棵问题,已成为生产上必须认真对待的事情。目前,防治效果既好,又能适应无公害生产要求的日光温室土壤消毒方法是石灰氮(氰氨化钙)消毒法,消毒之后配合施用有机肥和生物肥,可起到事半功倍的效果。

(一)石灰氮消毒方法

1. 时间选择 选在作物收获、温室已经过清洁后进行,一般在 7～9 月份。此时期距离下茬作物种植还有 2～3 个月,正是夏秋季节温度高、光照好的有利时机。

2. 撒施有机物 每 667 平方米施用稻草、麦秸或玉米秸秆(最好铡切为 4～6 厘米的小段,以利于耕翻整地)等有机物 1 000～2 000 千克,石灰氮颗粒剂 80 千克,均匀混合后撒施于土层表面。

3. 深翻混匀　用人工或旋耕机将撒施于土层表面的有机物和石灰氮均匀深翻入土中,深度以 30 厘米以上为好,应尽量扩大石灰氮与土壤的接触面积。

4. 起垄做畦　垄高以 25 厘米、宽以 30 厘米为宜。整平后做成宽 1.8 米的畦(1 个棚间距做 2 个畦),也可以按定植行距起垄。

5. 密封地面　用透明薄膜将土地表面完全覆盖封严(立柱根用土或砖块压严)。

6. 膜下灌水　从薄膜下灌水,直至畦面灌足湿透土层为止。

7. 密封日光温室　修理好日光温室薄膜破损处,将日光温室完全封闭。利用太阳光加温,20～30 厘米土层温度可达 50℃左右,地表温度可达 70℃以上,持续 15～20 天,即可有效地杀灭土壤中的真菌、细菌、根结线虫等有害微生物。

8. 揭膜晾晒　消毒完成后,翻耕畦面,3 天后方可播种定植作物(定植前可移栽少量秧苗试验)。

(二)注意事项

消毒要做到"三严、三足、一不得"。"三严":一是石灰氮要撒严,必须全棚地面全部撒严,不留死角;二是地面封严防漏气,以利于提高处理效果;三是棚膜封严,尽量提高棚温和土壤温度。"三足":一是灌水要足;二是封棚时间要足;三是揭膜晾晒时间要足,晾晒不足会影响秧苗生长。"一不得":操作员在作业前后 24 小时内不得饮用任何含酒精的饮料,以防止气体中毒。

用石灰氮消毒后,石灰氮最终完全降解为尿素、氢氧化钙等物质,不会产生任何污染,有利于促进无公害冬瓜的可持续发展。

(三)配合施用有机肥和生物肥

采用石灰氮结合高温闷棚进行日光温室土壤消毒,在杀灭线虫的同时,既把生存在土壤中的有害土传病菌如立枯丝核菌、疫霉菌、腐霉菌、青枯菌、枯萎菌等进行有效的杀灭，同时也把土壤中有益的微生物如解磷、解钾的硅酸盐菌、放线菌等杀灭。未经腐熟的畜禽粪肥、人粪尿和作物秸秆有机物都含有有害病原菌，因此所有有机肥应在日光温室土壤消毒前一起施用到日光温室中，将其与土壤同时进行消毒。消毒后，尽量不再基施未经腐熟的有机肥，以防止重新传入有害微生物，造成前功尽弃。

经石灰氮消毒后，土壤中的有益微生物菌已被杀灭，需要尽快培育有益微生物菌群，以满足冬瓜生长发育的需要。培育有益微生物菌群的主要措施有以下 2 项：①定植前，顺栽培行沟施 EM 菌肥或 CM 菌肥或酵素菌肥（施用正规厂家生产的）100～150 千克，施后小水顺沟浇灌或隔行浇水 1 次。②定植前，每 667 平方米随水冲施微生物菌原液 2 千克；定植后，冲施微生物菌原液 2～3 次，每隔 10 天施 1 次，每次每 667 平方米施 2 千克左右。也可以两项措施结合进行。注意在施用微生物菌肥以后，不再使用杀菌剂土壤消毒或灌根；植株无病害症状时，少喷施化学杀菌剂。

七、利用生物反应堆技术改良土壤

秸秆生物反应堆技术又称二氧化碳缓释富氧秸秆发酵技术，是一项能够有效解决设施蔬菜土壤连作障碍、提高蔬菜产量、改善蔬菜品质的创新栽培技术。在日光温室中应用秸秆反应堆技术，改变了过去"头痛医头、脚痛医脚"的错误防治理念，采用中医的"正本修元"方法调节土壤中微生物的平衡，从而收到了改良土壤的效果。

（一）生物反应堆技术的原理

土壤中存在着大量的微生物，包括真菌、细菌、病残体、病毒和原生生物，这些微生物的生物总量，每 667 平方米耕层土壤达到了

100～1000 千克。这些微生物绝大多数是有益的,如有机物的分解需要微生物,化肥的分解和转化需要微生物,岩石、矿物或风化土壤中各种矿质养分的分解与释放需要微生物,还有豆科作物的根瘤菌,一些原生生物的活动及分泌物等都会对作物的生长起到很好的促进作用。土壤中有害的微生物如枯萎病病原物、青枯病病原物、根结线虫等只占极少数,各种微生物在土壤中,既互相依存,又相互制约,有的还是共生或互生关系,如放线菌感染线虫后,可使线虫 48 小时出现死亡,土壤中放线菌若基数增加就可破坏线虫的生存环境,从而抑制线虫的发生;一些有益的霉菌产生的大量菌丝体或分泌物可抑制有些霉菌的发生和蔓延等。正是由于土壤中各种微生物之间的互补与制约,才维持了土壤中微生物数量和比例的平衡,从而为作物的根系及生长提供了良好的生态环境。

日光温室属半永久性生产设施,由于连续种植,温室内土壤微生物平衡遭到严重破坏。秸秆反应堆技术,是将人工培育的酵素菌通过秸秆这一载体进行繁殖,然后施入土壤,相当于用"养猫"的方式控制"鼠患",从而调节温室内土壤的微生物平衡。

(二)秸秆反应堆的使用方法

1. 操作时间 在定植前 10～15 天建造完毕。

2. 秸秆用量 所有植物秸秆均可使用,每 667 平方米日光温室需要秸秆 4 000～5 000 千克。要用干秸秆。

3. 菌种用量 每 667 平方米需菌种 8～10 千克。

4. 基肥和追肥用量 化肥第一年减少 50%,第二年减少 70%,第三年减少 90%;基肥不要用化肥、鸡粪,可用 150～200 千克饼肥(每 667 平方米日光温室的用量)。

5. 反应堆做法 定植前在小行(种植行)下开沟,沟宽大于小行 10 厘米,一般为 70～80 厘米,沟深 20 厘米,沟长与小行长相等。挖沟时起土分放两边,接着填加秸秆,铺匀踏实,厚度为 30 厘米,沟两头各露出 8 厘米秸秆茬,以便于氧气进入。填完秸秆后,撒饼肥,再将每沟所需菌种均匀撒在秸秆上,用铁锹轻拍一遍后,把起土回填到秸秆上,浇水湿透秸秆。3～4 天后,将处理好的疫苗撒在垄上,并与 10 厘米表土掺匀,找平垄,接着开沟放入冬瓜苗,覆土并浇小水。第二天打孔,10 天后盖膜、打孔。

(三)注意事项

制作反应堆要注意以下事项:①秸秆用量要和菌种用量搭配好,每 500 千克秸秆用 1 千克菌种。②浇水时不要冲施化学农药,特别要禁止冲施杀菌剂。③浇水后 4 天要及时打孔,用 14 号的钢筋每隔 25 厘米打 1 个孔,要打到秸秆底部,浇水后孔被堵死的要重新打孔。苗定植 10 天缓苗后再盖地膜,盖上地膜后须在膜上打孔。④减少浇水次数。一般常规栽培浇 2～3 次水,采用该项技术的只浇 1 次水即可,切忌浇水过多。浇水后可用百菌清烟雾熏蒸剂熏蒸一次。该不该浇水可用土法判断:在表层土下抓一把土,用手不能攥成团的应马上浇水,能攥成团的千万不要浇水。在第一次浇水湿透秸秆的情况下,定植时千万不要再浇大水,只浇缓苗水。浇水时可以浇大管理行。⑤前 2 个月不要冲施化肥,以避免降低菌种、疫苗活性,后期可适当追施少量有机肥和复合肥,每次每 667 平方米冲施浸泡 10 多天的豆饼 15 千克左右,复合肥 15 千克。⑥要用好疫苗消除土传病害,减少病害。浇水后 4～5 天,结合整地施入疫苗,整平、耙细反应堆 10 厘米土层,等待定植。

八、老龄温室换土

由于不少老龄温室根结线虫和土传病害日渐严重,虽经使用多种方法灭杀,但效果不明显。近年来,部分菜农下大力气对老龄温室实行换土的办法,一般是把老龄温室 30 厘米以上的表层土挖出,换上肥沃且无土传病害的田园土。这是一项费时费工的劳作,因此,一定要做到科学合理,以免费时费力却达不到理想的效果。老龄温室换土应注意以下问题。

(一)换土要注意选择合适的土质

一般情况下,应选用肥沃、无污染的田园土。需要注意的是,如果老龄温室土壤是黏土,应换上沙质土壤;如果是沙土地,应换上黏性土壤。这样两种土壤一掺和,更有利于蔬菜的生长。另外,如果温室原有土壤偏酸,可用偏碱的土壤中和一下;如果偏碱,就用偏酸的土壤进行改良。

(二)换土后要注意增施有机肥

老温室换上的新土即使是取自肥沃的园地,有机质含量也大都达不到1%。因此,换土后应及时增施有机肥。第一次施用有机肥应多一些,每667平方米可施入鸡粪18~20立方米、稻壳粪35~40立方米。如果施用秸秆肥,则效果更好。

(三)换土后要注意土壤消毒

老温室换土后,为避免新土带菌以及老龄温室底层土壤中的线虫侵入新土中为害,一定要进行土壤消毒。可每667平方米用棉隆20~30千克熏闷,彻底消毒灭菌。另外,温室墙体、竹竿和工具也须用50%多菌灵1000倍液喷洒消毒。

(四)换土后注意补菌

老龄温室换土后,及时补菌很重要。新换上的生土(表土层以下的土壤)生物菌含量很低,应及时给予补充。可在土壤用棉隆熏闷后,配合基施有机肥施入含芽孢杆菌、放线菌的生物肥150~200千克,这样不仅改土效果好,还有抑制土传病害的作用。

第六章 日光温室冬瓜肥水管理技术

一、日光温室冬瓜科学施肥技术

(一)基 肥

基肥是指冬瓜定植前结合土壤耕作施用的肥料。其作用是为了创造冬瓜生长发育所要求的良好土壤条件,为冬瓜整个生育期供应养分奠定基础。基肥的效率高,肥料施得深,对培肥土壤的作用较大,也较持久。

1. 施用方法

(1)撒施 即将肥料均匀地铺撒在畦面,结合整地翻入土中,并使肥料与土壤充分混均。撒施的优点是简单易行,将肥料均匀地撒在地面上,结合整地翻入土中,使肥料与土壤混合均匀,撒布面广,根群扩展时随处都可以吸收到养料。撒施的缺点是肥料施用量大。

(2)沟施 即在栽培畦(垄)下开沟,将肥料均匀撒入沟内,施肥集中,有利于提高肥效。沟施的优点是施下的肥料比较集中,节省肥料,有利于前期的吸收利用;缺点是很难满足冬瓜后期根系不断生长扩展的需要。

(3)穴施 即先按株、行距开好定植穴,在穴内施入适量的肥料。穴施既节约肥料,又能提高肥效。穴施的优点是肥料集中,肥料利用率高;缺点是比较费工。

2. 适宜作基肥的肥料种类

(1)有机肥

①农家肥料 系指含有大量生物物质、动植物残体、排泄物等物质的肥料。它们不应对环境和作物产生不良影响。农家肥在制备过程中，必须经过无害化处理，以杀灭各种寄生虫卵、病原菌和杂草种子，去除有机酸和有害气体，才能达到卫生标准。主要农家肥料有堆肥、沤肥、厩肥、沼气肥、灰肥、绿肥、作物秸秆和饼肥等。其中堆肥、沤肥、厩肥、沼气肥、绿肥、作物秸秆适于撒施或条施。灰肥和饼肥适宜穴施。

②商品有机肥料 系指有机肥料生产厂家按规范的工艺操作生产的商品有机肥。其产品必须是证件（检验登记证、生产许可证、质量标准）齐全，并经有关部门质量鉴定合格。商品有机肥主要包括精制有机肥、微生物肥料、腐殖酸肥料和有机液肥等，可采用撒施、条施或穴施等方法施用。

③其他有机肥 包括采用不含合成添加剂的食品，纺织工业的有机副产品，不含防腐剂的鱼渣、牛羊毛废料、骨粉、氨基酸残渣、家畜加工废料、糖厂废料等有机物料制成的有机肥料，可采用撒施、条施或穴施等方法施用。

有机肥施用充足好处很多：一是培肥地力，可增加土壤有机氮的含量。寿光菜农 10 年来重视有机肥的足量施用，使土壤有机质含量从 1％提高至 1.54％，土壤肥力有很大提高。二是养分全面，可满足冬瓜整个生长过程的需肥要求。三是改善土壤结构。施足有机肥有助于形成土壤团粒结构，土壤通透性良好，缓冲性能好，适应了冬瓜耐肥水的特点，可为冬瓜高产打下基础。

有机肥在施用过程中需注意以下两点：一是有机肥要充分腐熟。使有机肥腐熟的方法很多，常用的如在日光温室休闲期，可将鸡粪等有机肥的腐熟与高温闷棚结合进行。在气温较低的情况下，可以施用含生物菌的腐熟剂如肥力高等，将其均匀地喷洒到有机肥上,促进其发酵腐熟。二是避免施用含碱有机肥。使用含碱性高的有机肥,易导致冬瓜黄化、卷叶等,而且还会导致土壤返碱严重。可在有机肥使用前,取少许浸水溶化,然后用 pH 试纸测定一下溶液的酸碱。若含碱量较高,可将有机肥提前施入温室内,用大水漫灌进行水洗,也可用硫酸中和。

(2)化学肥料

①氮肥　常用的氮肥有硫酸铵、碳酸氢铵和尿素。可采用撒施、条施或穴施等方法。硝态氮化肥施入土壤不易被土壤吸附,易灌溉淋失,故不宜大量用作基肥。

②磷肥　生产上多用水溶性磷肥,主要有过磷酸钙、重过磷酸钙、磷酸铵。最好用它与一定比例的有机肥混合后作条施或穴施。

③钾肥　常用的有硫酸钾和草木灰。最好与一定比例的有机肥混合后条施或穴施。

④微量元素肥料　种类很多,常用的有硼肥、钼肥、锌肥、锰肥、铁肥和铜肥。最好与一定比例的有机肥混合后条施或穴施。

⑤专用复混肥料　目前普遍使用的专用肥多为复混肥,一次施肥就可同时满足冬瓜对氮、磷、钾甚至中量、微量元素的需要。可采用撒施、条施或穴施等方法施用。

(3)生物肥料　包括根瘤菌肥、固氮菌肥、解磷菌类肥、解钾菌类肥、芽孢杆菌类肥或几种菌类的复合肥等。增施生物肥料,可促进蔬菜吸收利用土壤中的营养元素,减少化肥的使用量,同时可活化土壤中的氮、磷、钾及镁、铁、硅等元素,对蔬菜高产优质,减轻土壤障碍因子有独特作用。生物肥是一种活性菌,必须埋施于土壤之中,不得撒施在土壤表面,一般要施深 7～10 厘米。由于生物菌对作物不会产生烧苗、烧种现象,所以施用生物肥应使其最大限度地接触植物根系,才能有效地供给植物充分营养,因此要将生物肥均匀地施入根系范围内。

3. 施用量　基肥施用数量要根据土壤肥力的高低来确定。

当土壤中速效氮、磷、钾和微量元素低于冬瓜生长需肥临界值时，就要首先选择化学肥料补充土壤肥力不足。有机质低于 1.2% 的土壤，必须每 667 平方米施用 3 立方米以上的有机肥料，才能满足作物生长需要。化肥具体施肥量，则要根据目标产量、当地施肥水平和土壤肥力情况确定，一般情况下每 667 平方米施尿素 20～25 千克、过磷酸钙 60～100 千克、硫酸钾 15～20 千克。

生产上如果以商品有机肥代替鸡粪作基肥施用，一般每 667 平方米用量为 300～1 000 千克，土壤状况较差的可适当增加用量。

3 年以上的日光温室可适当增施生物有机肥，一般每 667 平方米用量为 100～300 千克。5 年以上的老龄日光温室应适当减少化肥用量，增加生物有机肥用量。

微量元素对冬瓜的生长发育起着大量元素（如氮、磷、钾等）无法替代的作用，一旦某种微量元素缺乏，冬瓜就会表现出相应的缺素症状。但许多微量元素从缺乏到过量之间的临界范围很窄，如果施用微肥的量过大或不均匀，往往会对冬瓜产生毒害作用。以下是常用微肥作基肥在日光温室冬瓜上的安全用量。

铁肥（硫酸亚铁）：每 667 平方米土壤施用量为 2.5～3 千克，1～2 年施 1 次。

硼肥（硼砂或硼酸）：每 667 平方米土壤施用量为 0.75～1.25 千克，2～3 年施 1 次。

锰肥（硫酸锰或氯化锰）：每 667 平方米土壤施用量为 1～2 千克，2～3 年施 1 次。

铜肥（硫酸铜）：每 667 平方米土壤施用量为 1.5～2 千克，1～2 年施 1 次。

锌肥（硫酸锌）：每 667 平方米土壤施用量为 0.25～2.5 千克，1～2 年施 1 次。

钼肥（钼酸铵）：每 667 平方米土壤施用量为 50～200 克，3～4

年施1次。

(二)追　肥

追施是指在冬瓜生长过程中加施肥料的过程。其作用主要是为了供应冬瓜某个时期对养分的大量需要,以补充基肥的不足。追肥量一般约占冬瓜作物全生育期总施肥量的1/3甚至更多。常用的追肥方法有以下4种。

1. 埋施　埋施就是在冬瓜株间、行间开沟挖坑,将肥料施入后再覆盖土壤的一种追肥方式。

(1)埋施的优缺点　埋施的优点是肥料浪费少,最经济;缺点是劳动量大,费工,且操作不太方便。

(2)埋施的肥料种类　硫酸铵、尿素、过磷酸钙、硫酸钾、复合肥以及充分腐熟的有机肥和生物菌肥均可作埋施追肥。

(3)施用方法　埋肥的沟、坑要离冬瓜根、茎基部10厘米以上,若离根太近则易损伤根系。冬季施肥量每667平方米每次施10千克左右,春季每667平方米每次施20千克左右。埋施后一定要浇水,使埋施的肥料浓度降低。

2. 冲施　冲施就是将固体的速效化肥溶于水中,或将腐熟的鸡粪混入水中,并以水带肥的方式施肥。通过肥水结合让可溶性的氮、钾养分渗入土壤中,供作物根系吸收。冲施是目前最常用的一种追肥方式。

(1)冲施的优缺点　冲施的优点:一是施肥均匀,便于冬瓜根系的吸收;二是肥料均匀分布于田间,不会发生肥害;三是不开沟不挖穴,不伤根系;四是该施肥法适宜于地膜覆盖栽培形式;五是施用方法简单,省工省时,劳动量不大。冲施的缺点:浪费的肥料较多,在渠道内容易渗漏流失,在田间冬瓜根系达不到的深层,也会渗入部分肥料造成浪费,肥料利用率只有30%～40%,甚至更低。

(2)冲施的肥料种类　从肥料化学性状及内在营养成分上主要划分为 3 种:一种是有机型,如氨基酸型、腐殖酸海洋生物型等;另一种是无机型,如磷酸二氢钾型、高钙高钾型等;再一种是微生物型,如光合细菌型、酵素菌型等。另外,市场上还有一种将有机、无机、生物等原材料科学地加工、复配在一起而生产的新型冲施肥,属于复合型制剂。

只有水溶性的肥料方可随水施用,氮肥中常用作冲施的有尿素、硫铵和硝铵;钾肥中常用作冲施的有氯化钾和硫酸钾,也可用硝酸钾。而磷肥种类即使是水溶性的磷一铵和磷二铵,也不宜冲施,其原因是磷肥的移动性差,不能随水渗入根层,磷肥的施用只能埋入土中。

(3)追肥量　每次追肥量可参照冬瓜生长需肥量来确定。不计基肥养分的量追肥时,一般每 667 平方米目标采收量为 1 000 千克时,施用纯氮(N)3.3 千克、纯磷(P_2O_5)2.5 千克、纯钾(K_2O)2.7 千克。据不同追肥品种进行折算,如折合尿素 7.2 千克、过磷酸钙 17.9 千克、硫酸钾 5.4 千克。扣除基肥养分的供给量时,应根据冬瓜生长期的长短和不同采收量,适当扣除基肥的供给养分量。

(4)注意事项

①有机肥与无机肥相结合　有的农民无论冲施还是追施,均以化肥为主。虽然有些冲施肥含有腐殖酸,但无机肥多以硝铵、尿素等氮肥为主,短期内冬瓜长势好,但缺乏长期效应。也有的农民冲施肥虽然以饼肥(麻籽饼、棉籽饼、豆饼)和磷酸二铵(或硝铵)为主,但效果欠佳,其原因是饼肥发酵需一定的时间,如施用的饼肥未充分发酵,则效果不佳。

②大水与小水冲施相结合　有的农民无论苗期、结果期均以大水冲施肥,使得肥水过大,引起苗病、烂根和沤根。无论生物肥、有机肥还是化肥,均须看苗用肥,用量要合理,并且施肥浇水后要

及时中耕除草。

③生物肥与化肥相结合　生物肥料含有十几种有益菌,具有活化土壤、调节养分的功效,与无机肥(化肥)配合施用,能解除肥害,增加土壤有机质,促进根系发育。土传病害发生严重的日光温室,应选择施用具有防病功效的芽孢杆菌类生物肥;土壤中氮磷钾积累较多的老龄日光温室,应选择施用具有解磷解钾作用的酵素菌型生物肥。

④选择适宜的肥料品种　要根据种植区内的土壤供肥能力、基肥施用量以及所种植作物的需肥特点,确定适合的冲施肥品种。要详细阅读所选购冲施肥的使用说明书,掌握适合的施肥时期、施用量和施用方法,不可凭以往的施肥经验而自作主张,以免造成不必要的损失。

3. 敞穴施肥　在日光温室冬瓜生产中,施肥量过大是一个比较突出的问题。过量施肥不但增加生产成本,还会造成土壤养分的积累、硝酸盐的淋洗、产品质量的变劣和土壤的盐化等环境问题。日光温室冬瓜栽培造成过量施肥的主要原因是追肥时采用冲施的方法,肥料均匀地溶解在水中,在灌水量较大的情况下,肥料的浓度较低,供肥强度低,不利于冬瓜根系的吸收。为克服这些弊端,可采用敞穴施肥法。

(1)敞穴施肥的基本方法　在两株冬瓜中间的垄上挖一敞穴,穴在灌水沟内侧,在沟内侧开豁口,豁口低于沟灌水位但高于沟底,使部分灌水可流入穴内,以溶解和扩散肥料。覆盖地膜后,在穴上方将地膜撕出1个孔,在每次灌水前1~2天,将肥料施入穴内。一次制穴可供整个冬瓜生育期使用(图6-1)。

(2)敞穴施肥的优缺点　优点是敞穴施肥较常规穴施肥减少了每次挖穴、覆土的工序,使集中施肥在日光温室冬瓜覆盖地膜的情况下得以实现;克服了冲施肥供肥强度低、肥料利用率低的缺点,在较易农事操作的情况下,实现了集中施肥,提高了供肥强度。

其缺点是追肥过于集中,一次施用量过多,容易引起烧根;同时由于受穴大小的限制,不能追施腐熟鸡粪等有机肥。

(3)敞穴施肥的肥料种类 除鸡粪、厩肥以外的各种肥料均适宜敞穴施肥。

(4)操作方法 翻耕、起垄和移栽冬瓜等农事操作按照常规。在冬瓜缓苗后,覆盖地膜前,在两株冬瓜之间的垄上挖1个敞穴,敞穴靠近灌水沟内侧,且向灌水沟侧敞开,敞穴的穴底高出灌水沟的沟底约5厘米。地面覆盖地膜后,在敞穴上方将地膜撕开1个孔洞,孔洞大小以方便向穴内施肥为度。在浇水前1~2天施入普通的复合肥,以含硝态氮和硫的复合肥为好。冬季每667平方米每次施肥量为12.5千克左右,春季每667平方米每次施肥量为25千克左右。浇水次数和浇水量根据菜农的习惯确定。

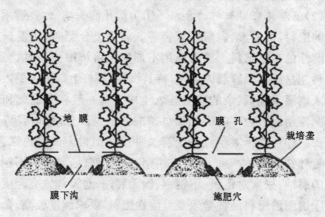

图6-1 冬瓜敞穴施肥图示

4. 滴灌施肥 滴灌施肥是将施肥与滴灌结合起来的一种新的农业技术。滴灌是滴水灌溉的简称,它利用一整套系统设备,将灌溉水加低压(或利用地形落差自压)、过滤,通过管道输送到滴头,使灌溉水呈水滴状,均匀而缓慢地滴入到作物根区附近的土壤表面或土壤内,适时、适量地向作物根区供应水分,以经常保持适宜于作物生长的最优水分状态,而作物株、行间根区以外的土壤仍然保持较干燥的状态。滴灌可将可溶性肥料随水施到作物根区。凡采用滴灌设施浇水的冬瓜日光温室均采用这一方式追肥。

(1)滴灌施肥优缺点 滴灌施肥具有以下优点:一是适时适量地直接把肥料施于根系集中层,少施勤施,使施肥达到定时、定位,便于作物吸收,减少损失,充分发挥肥效。二是以少量多次的方式向作物提供养分,可满足作物整个生长期对养分的需求。三是可根据作物生长期营养特性的变化,对供给的养分进行调控。四是由于地膜覆盖,肥料几乎不挥发、无损失,肥料虽集中,但浓度小,因而既安全,又省工省力,效果很好。滴灌施肥肥料利用率达80%以上。滴灌施肥的缺点是选用肥料比较严格,必须水溶性好。

(2)滴灌施肥对肥料的要求 ①为防止滴头堵塞,要选用溶解性好的肥料,如尿素、磷酸二氢钾等。施用复合肥时,尽量选择完全速溶性的专用肥料。确需施用不能完全溶解的肥料时,必须先将肥料在盆或桶等容器内溶解,待其沉淀后,将上部溶液倒入施肥罐进入滴灌系统,剩余的残渣施入土中。②一般将有机肥和磷肥作基肥使用。因为有的磷肥如过磷酸钙只是部分溶解,残渣易堵塞喷头。③要选择对灌溉系统腐蚀性小的肥料。如硫酸铵、硝酸铵对镀锌铁的腐蚀严重,而对不锈钢基本无腐蚀;磷酸对不锈钢有轻度的腐蚀;尿素对铝板、不锈钢、铜无腐蚀,对镀锌铁有轻度的腐蚀。④追肥的肥料品种必须是可溶性肥料,要求纯度较高,杂质较少,溶于水后不会产生沉淀,否则不宜作追肥。氮肥和钾肥一般选用符合国家标准或行业标准的尿素、碳酸氢铵、硫酸钾、氯化钾等。补充磷素一般采用磷酸二氢钾等可溶性肥料作追肥。追补微量元素肥料,一般不能与磷素追肥同时使用,以免形成不溶性磷酸盐沉淀而堵塞滴头或喷头。

（3）操作方法

①肥料品种的选择　利用滴灌施肥也要按作物对养分的需求选择合适的肥料种类，使冬瓜植株在生长中后期既要具有一定的生长势，又要确保瓜果具有较好的品质，一般选用尿素、磷酸二氢钾等提供大量元素，选择水溶性多效硅肥、硼砂、硫酸锰、硫酸锌等提供中、微量元素。其中，微量元素也可直接用营养型叶面肥，如肥力宝等。具体选用什么肥料要根据基肥和植株长势确定。

②配制肥料溶液　肥料溶液可根据施肥方法配制成高浓度和低浓度两种溶液。高浓度溶液就是将尿素、磷酸二氢钾等配制成5％～10％的水溶液，中、微量元素配制成1％～2％的水溶液；低浓度溶液就是将尿素、磷酸二氢钾等配制成0.5％～1％的水溶液，将中、微量元素配制成0.1％～0.2％的水溶液直接施用。

③肥料用量及混用　每次每667平方米尿素的施用量为3～4千克，每次每667平方米磷酸二氢钾的施用量1～2千克，这两种肥料也可混合施用。中、微量元素一般每一种肥料在一季作物中不能超过1千克，每年都施用的田块不超过0.5千克。

④施肥方法　当用高浓度溶液进行施肥时，可与灌水同时进行，即打开施肥器吸管开关，使肥液随水流进软管，肥液的流量用开关控制；用低浓度溶液直接施肥时，将灌水阀门关闭，打开施肥器吸管的开关，把过滤器固定在肥液容器底部，接通肥液即可施肥。

⑤注意事项　配制的肥液不应含有固体沉淀物，以防止堵塞滴孔；高浓度肥液流量要控制好，不宜太大，以防止浓度过高伤害作物根系；施肥结束要关闭吸管上的开关，打开阀门继续灌水数分钟，以便将管内残余肥料冲净。

（三）叶面喷肥

叶面喷肥就是将配制好的肥料溶液直接喷洒在冬瓜茎叶上的

一种施肥方法。

1. 冬瓜采用叶面追肥的好处　叶面追肥作为冬瓜施肥的一种常用方法,具有如下 4 个优点:①叶面追肥可使冬瓜通过叶部直接得到有效养分,而采用根部追肥时,某些养分常因易被土壤固定而降低植株对它们的利用率。②叶部养分吸收转化的速度比根部快。以尿素为例,根部追施 4~5 天才能见效,叶面喷施当天即可见效。③叶面追肥可以促进根部对养分的吸收,提高根部施肥的效果。④叶面喷施某些营养元素后,能调节酶的活性,促进叶绿素的形成,使光合作用增强,有利于改善品质,提高产量。总之,叶面追肥是一种成本低、见效快、方法简便、易于推广的施肥方法。但冬瓜吸收矿质营养主要靠根部,叶面追肥只能作为一种辅助手段,生产上仍应以根部施肥为主。采用叶面追肥时,必须在施足基肥并及时追肥的基础上进行,这样才能取得理想的效果。

2. 适合作叶面追肥的肥料种类　适合作叶面追施的肥料通常称为叶肥、叶面肥或叶面营养液。根据其作用和功能等,可把叶面肥分为以下四大类。

第一类:营养型叶面肥。此类叶面肥中氮、磷、钾及微量元素等养分含量较高,主要功能是为作物提供各种营养元素,改善作物的营养状况,尤其是适宜于作物生长后期所需各种营养的补充。

第二类:调节型叶面肥。此类叶面肥中含有调节植物生长的物质,如生长素、激素类等成分,主要功能是调控作物的生长发育等,适宜于植物生长前期、中期使用。

第三类:生物型叶面肥。此类肥料中含微生物体及代谢物,如氨基酸、核苷酸、核酸类物质。其主要功能是刺激作物生长,促进作物代谢,减轻和防止病虫害的发生等。

第四类:复合型叶面肥。此类叶面肥种类繁多,复合混合形式多样。其功能有多种,一种叶面肥既可提供营养,又可刺激生长、调控发育。

3. 根据冬瓜的需肥特点,合理选用叶面肥　冬瓜叶面追肥以氮、磷、钾混合液或多元复合肥为主,如 0.2%～0.3%磷酸二氢钾溶液、0.5%尿素＋2%过磷酸钙＋0.3%硫酸钾溶液、0.05%稀土微肥溶液等,一般在生长期喷洒 2～3 次;喷施宝、叶面宝、光合微肥等在冬瓜上应用,也有良好的作用。另外,冬瓜结瓜期喷洒 1%葡萄糖或蔗糖溶液,可显著增加冬瓜的含糖量;喷洒以 0.2%尿素＋0.2%磷酸二氢钾＋1%蔗糖组成的"糖氮液",不仅能增加产量,而且能增强植株的抗病能力,减轻霜霉病、疫病等病害的发生。

4. 冬瓜叶面追肥应注意的问题

(1)喷洒浓度要合适　叶面追肥一定要控制好喷洒浓度。如浓度过高,很容易发生肥害,造成不必要的损失。特别是微量元素肥料,冬瓜从缺乏到过量之间的临界范围很窄,更要严格控制;如浓度过低,则收不到应有的效果。

(2)喷洒时间要适宜　影响叶面追肥效果的主要因素之一是肥液在叶面上的湿润时间,湿润时间越长,叶面吸收的养分越多,效果也就越好。因此,叶面追肥一定要根据天气状况,选择适宜的喷洒时间,日光温室栽培一般以晴天上午 10 时以前为最好。

(3)肥料混用要得当　叶面追肥时,将 2 种或 2 种以上的叶面肥合理混用,其增产效果更加显著,并能节省喷洒时间和用工。但肥料混合后必须无不良反应或不降低肥效,否则达不到混用的目的。另外,肥料混合时还要注意溶液的浓度和酸碱度。一般情况下,溶液的 pH 值为 6～7 时有利于叶部吸收。

(4)喷洒质量要保证　叶面追肥要求雾滴细小,喷洒均匀,尤其要注意喷洒生长旺盛的上部叶片和叶片的背面。因为新叶比老叶、叶片背面比正面吸收养分的速度快,吸收能力强。

(5)叶面施肥的间隔时间要适宜　适宜的间隔时间为 5～7天。其中无机化肥喷肥间隔时间一般不少于 7 天,有机肥的间隔时间一般为 5 天左右。

此外,冬瓜生长发育所需的基本营养元素主要来自于基肥和其他方式追施的肥料,根外追肥只能作为一种辅助措施。

5. 叶面肥施用不当后的处理 施用叶面肥不当造成伤害叶片时,要用清水冲洗叶面,冲洗掉多余的肥料,并增加叶片的含水量,缓解叶片受害程度。土壤含水量不足时,要进行浇水,以增加植株体内的含水量,降低茎叶中的肥液浓度。

二、日光温室冬瓜二氧化碳施肥技术

(一)二氧化碳施肥对冬瓜的影响

绿色植物在进行光合作用时,都要吸收二氧化碳,放出氧气。二氧化碳是植物光合作用的重要原料之一,在一定范围内,植物的光合产物随二氧化碳浓度的增加而提高。二氧化碳气肥在保护地蔬菜生产中的作用尤其明显,可以大大提高光合作用效率,使之产生更多的碳水化合物。在保护地冬瓜栽培中,二氧化碳亏缺是限制冬瓜高产高效的重要因素之一。

大气中二氧化碳的含量一般为 300 毫升/米^3,这个浓度虽然能使冬瓜正常生长,但不是进行光合作用的最佳浓度。冬瓜在保护地栽培时,密度大且以密闭管理为主,通风量小。尽管温室内冬瓜呼吸、有机肥发酵、土壤微生物活动等均能放出一部分二氧化碳,但只要冬瓜进行短时间的光合作用后,温室内的二氧化碳含量就会急剧下降。用红外线气体分析仪测试得知:4 月份保护地内二氧化碳浓度最高值是在早晨揭苫前,达 1 380 毫升/米^3,等到日出揭开草苫后,随着光照强度的增加和温度的升高,光合速率加快,温室内二氧化碳的浓度迅速下降,到 11 时温室内二氧化碳的浓度降至 135 毫升/米^3。由此可见,温室内二氧化碳亏缺的程度。温室内二氧化碳浓度低于自然大气水平的持续时间一般是在 9～

17时,17时以后随着光照强度减弱和停止通风盖苫,温室内二氧化碳浓度才逐渐回升到大气水平以上。当温室内温度达到30℃开始通风后,温室内的二氧化碳得到外界的补充,但远低于大气水平而不能满足冬瓜正常生长发育的需要。大量测量结果表明,每日有效光合作用时,保护地内二氧化碳一直表现为亏缺状态,严重影响了冬瓜光合作用的正常进行,制约了冬瓜产量的提高。

试验证明,合理施用二氧化碳气肥可提高冬瓜光合速率,植株体内糖分积累增加,从而在一定程度上提高了冬瓜的抗病能力。增施二氧化碳可使冬瓜叶片和果实的光泽变好,使冬瓜外观品质有所提高,同时大幅度提高维生素C的含量,改善营养品质,可使冬瓜增产10%～20%,效益相当可观。

(二)日光温室内施用二氧化碳的时间

日光温室冬瓜生长发育前期,植株较小,吸收二氧化碳数量相对较少,加之土壤中有机肥施用量大,分解产生二氧化碳较多,一般可以不施二氧化碳。若过早施二氧化碳,会导致茎叶生长过快,而影响开花坐果,不利于丰产。进入坐果期后,应加大二氧化碳施用量,到开花结果期正值营养需求量最大的时期,也是二氧化碳施用的关键期。此期即使外界温度已较高,并且通风量加大,每天也要进行短时间的二氧化碳施肥。一般每天有2小时左右的高浓度二氧化碳时间,就能明显地促进冬瓜生长。结果后期,植株的生长量减少,应停止施用二氧化碳,以降低生产费用。一天内,二氧化碳的具体施用时间应根据日光温室内二氧化碳的浓度变化以及植株的光合作用特点进行安排。一般晴天日出30分钟后,日光温室内的二氧化碳浓度下降就较明显,浓度低于光合作用的适宜范围,所以晴天揭帘后开始施用二氧化碳;在多云或轻度阴天,可把施肥时间适当推迟30分钟。

(三)二氧化碳气肥施用方法

二氧化碳气肥使用方法比较简便,目前常用的方法主要有液态二氧化碳释放法、硫酸与碳酸氢铵反应法、碳酸氢铵加热分解法、燃烧气肥棒二氧化碳释放法、固体二氧化碳气肥直接施用法、微生物法等6种。

1. 液态二氧化碳释放法 钢瓶二氧化碳气的供应可根据流量表和保护地体积准确控制用量。但由于钢瓶中二氧化碳温度很低(可达$-78℃$),在向保护地中输入前必须使其升温,否则会造成温室内温度下降,不利于甚至危害冬瓜的生长。故在使用时须通过加热器将气体加热到相对比较恒定的温度再输出。输出时选用直径1厘米粗的塑料管通入保护地中,因为二氧化碳的比重大于空气,所以必须把塑料管架离地面,最好架在温室内较高的位置。每隔2米左右,在塑料管上扎一个小孔,把塑料管接到钢瓶出口,出口压力保持在$1\sim1.2$千克/厘米^2,每天根据情况放气$8\sim10$分钟即可。

此法虽比较容易实现自动控制,但在气温高的季节还是不利于实施。

2. 硫酸与碳酸氢铵反应法 用二氧化碳发生器进行反应,选用的原料是碳酸氢铵和硫酸,塑料管架设方法同上。其原理是碳酸氢铵和硫酸反应放出二氧化碳,供给冬瓜进行光合作用,生成的副产品硫酸铵可用作追肥用。其反应分子式如下:

$$2NH_4HCO_3 + H_2SO_4 = (NH_4)_2SO_4 + 2CO_2\uparrow + 2H_2O$$

3. 碳酸氢铵加热分解法 用专用容器装入碳酸氢铵,加热使其分解出二氧化碳、氨气和水。其反应分子式如下:

$$NH_4HCO_3 \rightarrow CO_2\uparrow + 2H_2O + NH_3\uparrow$$

分解出的气体通过一个容器过滤,把氨气溶解到水中,只放出二氧化碳,然后通过架设的塑料管释放到保护地中供冬瓜进行光合作用。

4. 燃烧气肥棒二氧化碳释放法　直接燃烧成品的气肥棒,即可产生二氧化碳供冬瓜吸收利用。该方法简便易行,安全、成本低、效果好、易推广。

5. 固体二氧化碳气肥直接施用法　通常每平方米挖 2 个穴,按每穴 10 克施入土壤表层,并与土壤混合均匀,保持土层疏松。施用时,勿使固体二氧化碳气肥靠近冬瓜的根部,施用后不要用大水漫灌,以免影响二氧化碳气体的释放。

6. 微生物法　增施有机肥,在微生物的作用下缓慢释放二氧化碳作为补充。秸秆生物反应堆技术就是微生物法的一种应用形式。

(四)二氧化碳施肥应注意的问题

一是施用二氧化碳气肥时,温室内温度要达到 15℃以上,且须在揭苫后 1 小时开始施用,通风前 1 小时结束。

二是施用适期一般在冬瓜坐住瓜后,且二氧化碳相当亏缺时;并且须在晴天上午光照充足时施用,浓度可掌握在 1 500～2 200 毫升/米^3。少云天气可少施或不施,阴雨雪天气不能施用。

三是用硫酸碳铵反应法时,在使用反应所产生的副产品——硫酸铵前,应先用 pH 试纸测酸碱度。若 pH 值小于 6,则须再加入足量的碳酸氢铵中和多余的硫酸,使其完全反应后,方可对水作追肥用。在整个反应过程中做好气体输出的水过滤工序,减少以至避免有害气体的释放。

采用硫酸碳铵反应法的各项操作要小心,以防止硫酸溅出或溢出,而且在稀释浓硫酸时,一定要把浓硫酸倒入水中,千万不能把水倒入浓硫酸中,因为水的比重比浓硫酸的比重小,把水倒入浓硫酸中时,水容易溅出伤人。碳酸氢铵易挥发,不能将大袋碳酸氢铵存放在温室内,防止冬瓜遭受氨气的毒害,应分装后带入温室内使用。

四是冬瓜施用二氧化碳气肥后，光合作用增强，要相应改善水肥供应并加强各项管理措施，以有利于实现冬瓜的高产稳产。

三、日光温室冬瓜浇水技术

(一)浇水原则

1. 看墒情浇水 要根据当时的墒情决定是否浇水。浇水的依据是：土壤用手握能成团，落地能散开应浇水，如落地不散可暂时不浇水，不能根据天数决定是否浇水。同时，浇水时不能过量，因为水的比热大，冬季浇水过量容易导致地温下降，还会使土壤透气性差，造成冬瓜沤根、生长缓慢、产量低等现象的发生。需要浇水时，只需在小垄沟内浇小水，而且浇水后要提高棚室内的温度，避免地温下降造成根系受伤。

2. 看苗浇水 根据冬瓜外部形态表现判断土壤含水量的多少确定。育苗期叶片发黄，出现沤根，一般是地温低，水分过大；叶色绿、根色白，胚轴下不定根发生正常，说明温湿度适合；成株期瓜秧深绿，叶片有光泽，绿而平，秧头舒展，卷须伸展卷曲适度，开花节位离生长点 40～50 厘米，说明水分正常；龙头未展，叶包被较紧，开花节位距生长点 20～30 厘米，说明缺水；生长紧缩，出现花打顶，卷须短瘦且提早卷曲，说明严重缺水。秧头抬起卷须粗直，叶大而薄，开花节位距生长点 50～60 厘米以上，是水分过多的表现。根据以上苗情判断是否缺水，而后决定浇不浇水。

3. 按照生育阶段浇水 冬瓜茎叶组织的含水量在 80%～90%，生长期间吸水多，整个生育期需水量较大，要注意适期合理地浇水。定植时要及时浇定植水，定植 1 周左右，植株开始缓苗时，可再浇缓苗水(如果土壤不干旱，可不浇)。此后，如果土壤墒情合适，可不必浇水。一般蹲苗期为 15～20 天。结合引蔓可浇 1次催秧水，以促使茎蔓伸长和叶面积扩展。开花坐果期一般不浇水或少浇水，避免"化瓜"或造成雌花着生节位上移。当瓜坐住并长到 0.25～0.5 千克时，果柄自然下垂呈"弯脖"状，此时应及时浇催瓜水。果实旺盛膨大时期是冬瓜植株需水最多的时期，也是决定产量高低的关键时期，此时应根据具体情况及时浇水。收获前 7～10 天停止浇水，以降低土壤湿度，增加冬瓜的紧实度，提高瓜的耐贮和耐运输性。

4. 根据气候特点浇水 冬季浇水一般选择在晴天进行，浇水后最好能有几个连续晴天。一天之中，冬天或早春浇水应选在上午进行，这时不仅水温、地温差距较小，地温容易恢复，而且有充分的时间排湿，一般不宜在下午、傍晚和阴雪天浇水，否则易造成温室内湿度过大，引起病害大发生。中午温度较高时也不宜浇水，以免高温浇水影响根系生态功能。夏秋季节应选在早晚浇水，这时天气炎热，日光温室可昼夜通风，以便于降温。

5. 使用先进技术浇水 就日光温室冬瓜而言，高温高湿或低温高湿，都是造成病害发生和蔓延的一个重要原因，使用传统粗放的大水漫灌方式，既容易降温又增大湿度。如果改用膜下滴灌，即用地膜覆盖，膜下铺设滴灌管（或滴灌带），不仅地膜覆盖可以提高地温，改善近地面处光照，而且还可减少土壤水分蒸发，降低空气湿度，避免病害发生。同时，要注意浇水的水温，冬季定植时宜用15℃左右的温水。平时水温则要求尽量与当地地温接近，一般使用井水灌溉最好，切忌使用河水或塘中的冰冷水。要注意浇水量，特别在冬天温室冬瓜严重缺水时，切不可浇水量过大，否则土壤易缺氧引起根系窒息而烂根，地上部叶片发黄甚至死亡。

如果水温过低，必须想办法获取温水。获取温水的方法有以下 3 个：①利用深层地下水。深层地下水的温度较地面水的温度高，可利用水泵提取深层地下水进行浇灌。②在日光温室内预热水。在日光温室内建一贮水池,池上用透光性能好的塑料薄膜覆盖,利用日光温室内的光照以及日光温室内多余的热量使水升温,待池水温度升高后再浇水。③太阳能预热水。在日光温室顶部安装1～3部太阳能热水器,将加热后温度适宜的水贮存于日光温室内的水池内,浇水时从池内提水即可。

(二)主要浇水方式

1. 明水沟溉　沟灌是我国地面灌溉中普遍应用于中耕作物的一种较好的灌水方法。实施沟灌技术,首先要在作物行间开挖灌水沟,灌溉水由输水沟或毛渠进入灌水沟后,在流动的过程中,主要借土壤毛细管作用从沟底和沟壁向周围渗透而湿润土壤。同时,水在沟底也有重力作用而浸润土壤。但在日光温室中采用沟灌,一次灌水量大,地表长时间保持湿润,不但棚温、地温降低太快,回升较慢,且蒸发量加大,水蒸气不易散发,使温室内湿度较大,易导致冬瓜病虫害发生。因此,日光温室冬瓜不宜采用明水沟灌。但日光温室冬瓜在夏秋高温季节不覆盖地膜的条件下,有时可以采用沟灌法浇明水。

2. 膜下沟暗灌　膜下沟暗灌,就是日光温室内所种冬瓜一律采取起垄栽培,在定植后接着用地膜将两垄覆盖,使两垄间构成一空间,灌水时控制在膜下进行,这一技术称为日光温室膜下暗灌技术。膜下暗灌时一要注意浇水量适中;二要使小垄沟均匀受水,南北两头见水;三要及时封闭进水口,尽量避免水蒸气逸出(图6-2)。

膜下沟暗灌的优点是省水,易于管理。膜下暗灌技术比传统的畦灌节水50%～60%,比明水沟灌可节水40%左右;不增加日光温室内空气湿度,可减少冬瓜发病的机会;空气湿度小,还可减少温室内起雾的机会,从而不影响光照,可迅速提高棚温。还可减少土壤水分气化损失,从而减少浇水次数。

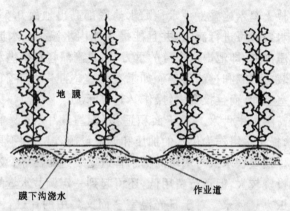

图 6-2　日光温室冬瓜膜下浇水

采用膜下沟暗灌技术,要求膜下的灌水沟处于水平状态,做到灌溉均匀。

3. 膜下滴灌　膜下滴灌是覆膜种植与滴灌相结合的一种灌水技术,也是地膜栽培抗旱技术的延伸与深化。它根据冬瓜生长发育的需要,将水通过滴灌系统一滴一滴地向有限的土壤空间供给,不仅在冬瓜根系范围内进行局部灌溉,也可同时根据需要将化肥和农药等随水滴入冬瓜根系。作为一种新型的节水灌溉技术,与地表灌溉、喷灌等技术相比,有着其无可比拟的优点,是目前最为节水、节能的灌水方式。

(1)膜下滴灌的供水　日光温室滴水灌溉用水多数为井水,但用提井水的泵直接向温室内滴灌供水,存在着同时供水而因多品种蔬菜不同时用水的矛盾。因此,日光温室滴灌的供水一般应选择以下 4 种方式。

①地下贮水池加微型水泵供水　在每座日光温室附近建 1 个 5～7 立方米的地埋式蓄水池,用机井集中向池中供水,滴灌时每座温室装微型水泵加压,并在滴灌首部装过滤器等。就整体计算,地埋式蓄水池投资较大,但对每座日光温室来说易建易管。

②地上贮水池重力供水　贮水池底部高出地面0.5米以上，无须用水泵即可进行滴灌，并且能提高池内水温。贮水池与地面之间的压力差，即池内水自身的重力，通过滴灌管直接供水。在滴灌首部装化肥罐和过滤器等。如果在温室内建一个蓄水池，不仅占用温室空间，而且投资大，操作又非常麻烦。

③高塔集中供水　对于面积适中、温室集中、水源单一的地块，可选择用水塔作为供水的加压和调蓄设施，温室内不再另设加压设备。还须在水泵与水塔的输水管道上装过滤器等。建设水塔一次性投资较大，但运行费用低，还可起到一定调蓄水量的作用。

④压力罐供水　对于日光温室多而又集中的片区，可采用压力罐集中加压，压力罐安装在水泵和滴灌之间，可在无人控制下保证管网连续工作，温室内不再另设加压设备。在水源处设置旋流水沙分离器和筛网过滤器组成的过滤设施。压力罐供水一次性投资小、管理方便，其缺点是增加了灌溉运行的费用。

(2)膜下滴灌的应用

①滴灌毛管的选用　温室冬瓜吊蔓密植栽培，根系发育范围小，对水分和养分的供应十分敏感，要求滴头布置密度大，毛管用量多，因而毛管应选用价格较低的滴灌带，这样可有效地降低滴灌造价，且运行可靠，安装和使用都方便。

②膜下滴灌的布置　在滴灌进棚前，应顺棚跨起垄，垄宽40厘米，高10～15厘米，做成中间低的双高垄，滴灌带放在双高垄的中间低凹处，垄上覆盖地膜。双高垄的中心距一般为1米，因而滴灌毛管的布置间距为1米。滴灌毛管的每根长度一般与棚宽(或棚长)相等，对需水量大的冬瓜有时也布置两道。支管一般顺棚的后墙长度布置与棚长相等。在支管的首部安装施肥装置和二级网式过滤器等。

③滴灌冬瓜的效益　日光温室膜下滴灌一般比大水漫灌节水70%左右，并能大幅度降低温室内的湿度，减少病虫害，提高冬瓜

的品质。实行滴灌比大水漫灌棚温高，冬瓜可提前上市半个月。日光温室膜下滴灌冬瓜可增产 10％～25％，投资回收期一般为 4～6 个月。

（3）膜下滴灌的管理

①规范操作　要想达到冬瓜滴灌的最佳效果，其设计、安装、管理必须规范操作，不能随意拆掉过滤设施和在任意位置自行打孔。

②注意过滤　日光温室膜下滴灌冬瓜，要经常清洗过滤器内的网，发现滤网破损要更换，滴灌管网发现泥沙应及时打开堵头冲洗。

③适量灌水　每次滴灌时间长短要根据缺水程度和冬瓜品种决定，一般控制在 1～4 小时。

（三）冬季冬瓜如何科学浇水

冬季温室冬瓜浇水要小水勤浇，浇暗水，选择晴天上午浇水。

1. 小水勤浇　每次浇水量要小，通过增加浇水次数来满足冬瓜正常的需水要求。小水勤浇的主要目的，一是保持温室较高的地温，二是保持冬瓜的正常生长需水。

2. 浇暗水　要坚持做到膜下暗灌，有条件的可实行膜下滴灌。这样可以有效地阻止地面水分蒸发，降低温室内的湿度，防止病害发生。

3. 浇水时间　最好选在晴天的上午进行浇水，此时水温与地温比较接近，浇水后根系受刺激小、易适应，同时地温恢复快，有足够的时间排除温室内的湿气。午后浇水，会使地温骤变，影响根系的生理功能。下午、傍晚或是雨雪天都不宜浇水。

4. 升温排湿　在浇水的当天，为了尽快恢复地温，要封闭温室，提高室内温度，以气温促进地温。待地温上升后，及时通风排湿，使室内的空气湿度降到适宜的范围，以利于植株健壮生长。

5. 提倡隔行浇水 即第一天浇 2,4,6 行……第二天浇 1,3,5 行……这样做不至于使温室内地温一次性降低过大而影响生长。

(四)冬季冬瓜浇水后应注意什么问题

冬季日光温室冬瓜浇水后,往往造成日光温室内地温低、湿度大,致使冬瓜生长不良,病害多发。因此,冬季日光温室冬瓜浇水后,应加强管理,创造适宜冬瓜生长的环境,以保证冬瓜正常生长。主要应注意做到以下几点。

1. 注意提温 冬季日光温室冬瓜浇水后,应关闭通风口,把温室气温提起来,使温度比平时提高 2℃～3℃,以升高气温促地温回升,促进冬瓜正常生长。

2. 注意排湿 日光温室冬瓜浇水后,应做好温室内排湿工作。其中提温就是一项有效地降低温室内相对湿度的好办法。可于浇水后,关闭日光温室通风口,在日光温室提温的过程中,温室内的湿度也会相应地降低。待温室气温升高后,再逐渐打开通风口,进一步通风排湿。

3. 注意防棚膜结露 冬瓜浇水后,温室内湿气较大,棚膜很容易结露,影响日光温室的透光率。可向棚膜喷消雾剂或豆面水,消雾效果较好。

4. 用药要注意选用烟雾剂或粉尘剂 日光温室冬瓜浇水后,温室内湿度本就很大,此时若再喷施药液,会增加温室内的湿度。因此,冬瓜浇水后 1～2 天内,应尽量避免用药,必须用药时最好选用粉尘剂或烟雾剂。

5. 随浇水冲施肥要注意防气害 菜农追肥往往配合浇水进行,在菜农追施的肥料中,其中有很多含氮量过高的肥料。这些肥料在冲施后会发生氨气,在冬季日光温室密闭的情况下,极易熏坏冬瓜。因此,在随浇水冲肥后日光温室一定要注意适当通风,把有害气体排出温室外。另外,在选择冲施肥时一定要选择含氮量较低的肥料,严寒季节可停用这类肥料,以避免气害的发生。

(五)冬瓜浇水应协调好七个关系

1. 浇水与需水　冬瓜浇水要按需要进行,不能按多少天浇一次水来安排。主要是看土壤水分状况确定是否浇水。干旱时不浇水冬瓜枝叶会萎蔫、干叶边,甚至受害枯干,果实会因干旱浇水不及时而表皮无光或发生日灼病。再进行浇水除非是有的冬瓜特殊的生理需要,否则极易引起沤根烂根,使冬瓜根系受害,也会严重影响冬瓜的生长发育。

2. 浇水与地温　浇水能明显影响地温,尤其是越冬的温室冬瓜浇 1 次水会使地温明显降低,当冬季室外温度很低时,井水河塘水温度多在 2℃～8℃,水的热容量大,升高温度需吸收大量的热。所以浇 1 次冷水后地温会迅速下降,短时间内难以恢复。温室冬瓜的地温平时要比温室内气温的下限高 3℃～8℃,所以在浇 1 次水后,地温多由 20℃以上降至 10℃以下,很容易突破冬瓜所要求的地温最低值,即下限,会对冬瓜生长结果造成很大伤害。尤其对根的伤害,受害严重的难以恢复。这就要求冬天浇水要选在晴天进行,要预先在头一天及浇水的当天把棚温提高 2℃左右。浇水后的第一天即可把棚温提高 3℃,依靠较高的棚温提高地温,使地温下降幅度变小,并能尽快恢复。

冬季冬瓜的浇水量也应适当减少,避免温度低时浇水量太大,难以在浇水后做到尽快把地温升上来。因在温度升高时水需热量最大,如浇水量大地温在浇水后恢复缓慢,会引发冬瓜的生理活动受到不利影响,严重阻碍冬瓜的生长发育。所以,冬季减少浇水量很重要,同时要利用地膜覆盖减少浇水次数。

3. 浇水与透气　冬瓜浇水后,水分占领了土壤中的空隙,使其中的空气被排出,而冬瓜的根系是需要呼吸空气的,空气供应不足会使根系窒息,轻则根系受伤,生长慢,发育不良;重则根系褐变,毛细根死亡,甚至腐烂引发病害,发生死棵。尤其在一些土质较黏的菜地中,原本黏土地紧实通气性就较差,再浇水其透气性会进一步恶化,这就是冬季温室黏土地一浇水就黄叶的原因。这种土地原本不易缺铁而产生嫩叶变黄,是浇水使空气被排出,根系吸收困难受到严重伤害,对铁的吸收能力下降,因而表现出阶段性缺铁,导致嫩叶变黄。如果根系受害严重,则大叶片也会变黄,其原因是生长素供应不足,致使叶绿素分解。如果大叶嫩叶都变黄,则说明根系受到伤害的时间已经较长,而且达到了较严重的程度。要解决这些问题,首先要是改良土壤,须年年大量施用作物秸秆肥及禽畜粪肥,每年每 667 平方米地应使用 5 000 千克以上,增加土壤有机质使其由黏重变疏松,产生团粒结构,从而改善土壤空气的通透状况。其次是浇水量要小,隔一行浇一行,浇水后要适当升高棚温,并划锄地面,改善土壤的透气性。

4. 浇水与追肥 随着浇水进行肥料冲施的追肥方式,较适于温室冬瓜的特点。但目前不少地方菜农冲施肥普遍存在 3 个问题:一是冲肥量偏多。有些菜农错误地认为冲肥量越大产量越高,所以每 667 平方米施肥量一次超过 50～100 千克的大有人在。过量的冲肥会引发肥害,也会使土壤盐渍化,导致土壤透气性不良、土壤溶液浓度高,引发诸多冬瓜生理问题。二是冲肥时不注意与基肥相配合。有些地方甚至施肥时以冲化肥为主,违反了以有机肥为主化肥为辅的原则。三是冲肥要注意选择肥料品种和品种搭配。如一般磷肥应随基肥深施,不宜只随水冲施;冬瓜进入结果期后,应注意氮、钾肥的配合冲施,钾肥与氮肥的比例应控制在 3∶2左右。

5. 浇水与施药 施农药防治地下病虫害,通常采用穴施或灌根等方式,一般不采用随水冲药的方式,因为以水冲药用药量太大。浇 1 次水每 667 平方米用水量为 20～30 立方米,农药按500～1 000 倍计算,需要一次用药 10～20 千克。而用灌根、穴施等方法施药,每667平方米需药量几百克即可。施农药的方式,药少了浓度太低不管用,药量大开支大,而且污染严重。但地下施药防治病虫害时,不可用灌根方式穴施后即浇水,这种浇水方式会稀释农药降低防效。

6. 浇水与防病　冬瓜多喜潮湿,浇水会增加温室中的土壤空气湿度,对灰霉病、霜霉病、猝倒病等病害,要做到尽量不同时浇水,须把浇水适当推迟,注意采用膜下浇水的方法,避免温室中因浇水湿度大增给防病带来困难。一旦病害有发展蔓延趋势时,喷药防治要安排在浇水以前,避免先浇水再喷药。在浇水的过程中,病原菌会随水扩散和传播。因此,一旦发现根部病害,在拔除病株施药防治的同时,注意勿使浇水流经病穴,可用土填堵防止病原菌随流水传播。

7. 浇水与调节　冬瓜过于旺长会使生殖生长开花坐果发生困难,常引发落花落果或花少果少产量低的问题。旺长还会使抗性下降,病害多发。要防止冬瓜旺长,必须控制浇水。尤其在冬瓜开花期为确保坐果良好,应避免花期浇水。要事先做出安排,务必使花期土壤不过于干旱。控制冬瓜旺长就间接地提高了坐果率。虽然现在应用植物生长调节剂蘸花,已较好地解决冬瓜坐果率低的问题,但控制浇水应当作为提高蘸花效果的保证。

充足的水是弱苗返旺的条件。在苗弱的条件下,浇水与施氮肥、适当提高棚温相配合,才能较快地促使弱苗弱株苗壮成长。

第七章 日光温室冬瓜栽培管理经验与新技术

一、冬季日光温室冬瓜要保持适宜的地温

在冬季,菜农大都非常重视日光温室冬瓜的保温工作,并为此采取了很多保温措施,也收到了很好的效果。可问题的关键是光保好温室气温是不够的,在冬瓜生产中,适宜的地温也是冬瓜优质丰产的基础,而菜农往往对温室内地温的调控重视不够,常造成温室冬瓜生长不良、产量降低。根据寿光菜农种植冬瓜的经验,要保持日光温室冬瓜冬季适宜的地温,要抓好以下 4 项工作。

(一)调控好温室内的温度

温室内的温度是影响地温的一个最重要的因素。通过加厚草苫、盖浮膜、安装电灯泡增温、建棚中棚、采用水枕头增温法和挖防寒沟防寒等措施,调控好温室内的气温,保持温室内较高的地温。

(二)合理浇水

一是要注意浇水的时间,冬季一般应选在晴天的上午浇水,这样在浇水后土壤才有充分的提温排湿时间。二是要注意浇水量,如一次性浇水过多,水温低,水的比热大,地温不容易恢复,因此浇水应提倡少量多次。尤其在深冬季节,地温过低,如一次性浇水量过大,很容易造成冬瓜沤根。在一般情况下,浇水后的当天和第二天要把棚温提高 2℃~3℃。因此,冬季浇水一定要科学合理,有

条件的地方最好使用滴灌。

(三)注意覆盖地膜

地膜覆盖是一种增加地温的好方法,需要注意的是,地膜应适当晚盖,越冬茬冬瓜最好在立冬后盖膜,如盖膜过早不利于冬瓜根系深扎,在严冬棚温较低的情况下容易冻伤根系。

(四)冬瓜栽培行覆盖秸秆或稻壳粪,保持地温稳定

秸秆或稻壳粪在发酵腐熟的过程中,可释放出热量和二氧化碳保持地温的稳定。

二、日光温室冬瓜定植方法要科学

定植方法是否科学,直接关系到冬瓜定植后的生长。目前一些菜农在定植冬瓜时存在的问题较多,如采用平畦栽培、施用的有机肥未腐熟、定植后浇水量过大等,严重地影响了冬瓜的生长。冬瓜生产上科学的定植方法有以下4点:①起垄定植。冬季光照弱、地温低,是影响冬瓜缓苗、生长的主要限制因素。如果遇到连续阴雪天气,温室内的光照、温度长期会较低。如果采用平畦栽培,不利于定植后地温的升高,缓苗慢。冬季冬瓜栽培,起垄更具优势,最好起大垄定植,冬瓜苗定植在垄肩部位,沟要深一些、窄一些,以利于增加光照面积,提高地温。②轻提苗。轻提苗可以明显减少冬瓜伤口,减轻病害发生。冬瓜育苗多使用穴盘,起苗时不能直接捏着茎秆将苗提出,而应轻捏穴盘下部,将苗坨取出。这样,不仅可以减少在幼苗茎秆上造成伤口,还可以保护根系、减少断根,防止病原物侵染,减少病害发生。③浇小水。不少菜农都有定植后立即浇大水灌溉的习惯,这种方法适用于温度较高的夏秋季节,在冬季则是弊远大于利。浇大水严重影响地温升高,使根系再生困

难;冬季水分蒸发量小,浇大水使得较长时间内土壤水分过多、空气减少,透气性变差,将影响根系发育,甚至造成沤根。浇小水一般是隔行浇水,总量要少,为普通浇水量的 1/3～1/2。冬季温度低,蒸发量小,需水量小,这种浇水方法是比较适宜的。如果条件允许,定植后实行单株浇水,既可满足苗子缓苗所需的水分,又有利于保持较高的地温,促进缓苗。④穴施生物菌肥。经过长时间的连作种植,土壤中的有害菌增多,病害易发生,影响根系的发育。定植时,冬瓜根系不可避免地要受到损伤,给土壤中的有害菌提供了很好的侵染机会。定植后的一段时间,也是病害发生最为严重的时期之一。因此,早施生物菌肥可以起到明显的防病作用。穴施生物菌肥,可以增加土壤中有益菌数量,保护根际环境,维持土壤微生物的平衡。而化学杀菌剂不仅杀灭土壤中的有害微生物,也对有益微生物有害,虽然定植后的一段时间内不发生病害,但对根系的长期生长不利。

三、冬瓜定植后半个月内的重点管理工作

冬瓜定植后的半个月内,是培育壮棵的关键时期,此期内如管理措施跟不上,很容易导致刚定植后的冬瓜秧苗出现旺长、抗病抗逆能力差或生长衰弱,出现死棵等现象。因此,此期内应加强管理,培育出健壮的植株,才能为冬瓜以后的优质高产打好基础。

(一)定植后调控温室内环境,促其尽快缓苗

冬瓜定植后,应调控好温室内的温湿度,促其尽快缓苗。一般情况下,白天应将温度控制在 26℃～32℃,夜间应将温度控制在15℃～18℃,如果天气不是很热,应尽量关闭温室通风口,保证温室内的空气相对湿度在 80% 以上,以防止刚定植的冬瓜失水萎蔫。当温室内的温度超过 32℃时,应将温室顶的通风口揭开,逐

渐将温度降至适宜的温度,切忌通底风,以免植株失水萎蔫甚至枯死。一般经过 3～4 天后,新根生成,即完成缓苗。缓苗后应逐渐加大通风,把温室内白天温度降至 25℃～30℃,夜间降至 15℃～18℃。当白天温室内温度超过 35℃时,应在温室顶设置遮阳网遮荫,以防止秧苗在长期温度较高的情况下出现旺长现象。夜间当温室内温度超过 18℃时,应采取通底风的方法扩大昼夜温差,以利于培育壮棵。

(二)缓苗后控制肥水,适当蹲苗

冬瓜缓苗后,要控制肥水,适当蹲苗。冬瓜定植时施足肥水后,至坐瓜前这段时间无须浇水施肥。若温室内土壤干旱确需浇水时,应在沟内浇小水,切忌大水漫灌。原则上在此期内不施用肥料,若生长过弱时,可每 667 平方米冲施 10～15 千克复合肥或 80～100 千克鸡粪提苗,切忌单施氮肥,以免造成植株旺长而影响坐瓜。如果定植后出现旺长并通过调节通风和肥水等措施仍不能控制时,可用 2.85％硝·萘酸水剂 6 000 倍液或助壮素 800 倍液喷洒叶面,或二者混用,以促进秧苗健壮生长。

(三)吊蔓前用药物灌根一次,防止死棵

冬瓜缓苗后要加强中耕,以增加土壤的透气性,促进根系的生长发育。可在中耕后每株穴施生物肥 50～80 克,以改良土壤结构,增强土壤肥力,防止土传病害的发生。也可在吊蔓前用 72.2％普力克(霜霉威)可湿性粉剂 600 倍液灌根一次,以防治植株根部病害,避免死棵。需特别注意的是,施用生物肥和用药剂灌根应有一定的间隔期,不能同时进行,以免生物肥中的生物菌被杀菌剂杀死。

四、科学通风，调控日光温室环境平衡

(一)通风的作用

通风的作用主要有 3 个方面：①降温。不管越冬茬还是冬春茬冬瓜栽培，晴天中午时分温室内气温如高达 40℃ 以上，这时植株体内多种合成分解酶、辅酶失去活性，作物代谢作用和光合作用停止，无干物质生成。如时间过长，作物局部会受到热害，甚至导致整株作物死亡。因此，需通过通风以降低温室内的温度，将其控制在最适宜作物生长的温度内，一般应控制在 20℃～28℃。②排湿。冬天温度低，温室内湿度增大，作物表面易结露。从半夜到早晨揭草苫前空气相对湿度有时可达 100%。温室覆盖膜表面水珠凝结下滴、室内产生雾气等常使作物叶面太湿，易发生多种病害，因此应及时通风排湿。③调节温室内气体平衡。农药分解出有害气体，粪肥释放氨气，质量不好的地膜、棚膜还会释放出有害气体等，这些有害气体都会危害作物，应及时排出温室，使新鲜空气进入温室。同时，通风能及时补充温室内的二氧化碳，有利于作物的光合作用。揭苫后冬瓜见光 1 小时，温室内二氧化碳消耗已达到补偿点以下，所以及时通风是非常重要的。

(二)通风的方式

在冬季，通风主要是靠通顶风来完成。有经验的菜农通常实行一天两次通风或一天三次通风，以排出温室内的湿气和有害气体，补充温室内的二氧化碳，并起到降温的作用。

(三)通风的具体方法

不同的天气情况通风的方法要有区别。一是晴天的通风。主要是控制温度。上午温度达到 20℃时开始通风,下午温度降至 20℃左右时通小风,温度降为 18℃左右时关闭通风口。傍晚到上半夜是作物养分转化和运输的主要时期,此时温度以 20℃~18℃最为适宜。下半夜植物呼吸作用加强,养分消耗较多,温度应控制在 15℃~13℃,以减少呼吸作用的营养消耗。二是阴天的通风。主要是在保温的前提下控制好湿度。在气温不低于 13℃的早晨通风半个小时,中午较热时通风 1~2 小时,傍晚通风半个小时,而后盖草苫。三是雨雪天或大风降温天的通风。可在中午 12 时左右通小风半个小时,以达到既交换了气体又使气温不陡然下降的作用。千万注意不能只顾保温而忽视二氧化碳的补充,影响冬瓜的光合作用。

五、冬天日光温室冬瓜什么时间通风好

在冬天的日光温室中,夜间会积累较多的二氧化碳,这主要是由土壤中的有机质分解而释放出来的,也有冬瓜的呼吸作用而产生的一部分。因为冬天傍晚日光温室关闭,会使夜间温室中的二氧化碳积累到很高的浓度,通常有机肥充足的温室可达 1 500 毫升/米³,甚至更高,这个浓度是室外空气中二氧化碳的 5 倍。充分利用温室中的这些二氧化碳供应冬瓜光合作用的需要,会使光合产物数量大幅度提高,可明显提高冬瓜产量。这就要求菜农注意不能过早地通风,以免这些二氧化碳逸出温室外。据研究,揭开温室上的草苫后,在良好的光照条件下,温室中积累一夜的二氧化碳可供温室中冬瓜 1 小时左右的光合作用的需要,所以即使温度条件适宜通风,在揭开草苫后一小时之内也不要通风,过早通风会使二氧化碳扩散到温室外,从而减少光合产物的生成量。

如上所述,揭草苫见光后,温室中的二氧化碳只够 1 小时所需,如果 1 小时后还不通风,温室中的二氧化碳已耗尽,光合作用

就会停止。此时即使光照条件再好,也没有光合产物生成,白白地浪费了上午的大好时光。因此,只要温度条件适宜,在揭草苫1小时后,就应立即通风,使温室外空气中的二氧化碳早进温室,使冬瓜的光合作用能连续地进行。所以,揭草苫1小时以后不通风是完全错误的。有时因为温室外温度较低,需维持适当的棚温,可以把通风口由小而大分段打开。

六、冬瓜落蔓要因棵而异

在连阴天等不良环境条件下,会导致冬瓜坐瓜早晚不一,有的植株坐瓜较早,这样采摘要早些,摘瓜后要进行落蔓。在冬瓜摘瓜时间不一致的情况下,落蔓时要注意以下3点:

(一)早摘瓜的植株落蔓幅度要小

早摘瓜的植株如果落蔓幅度过大,其他两侧未摘瓜的植株就会对其形成遮荫,影响见光,使其长势变弱。因此,早摘瓜的植株只需将蔓落到稍低于上部钢丝或与钢丝平齐即可,这样植株可以充分见光,避免两侧植株对其生长的影响。

(二)让晚摘瓜的植株主蔓顺钢丝攀爬

这样可避免其落蔓时果实接触地面造成果实畸形发育;同时,果实越靠下见光越少,着色越差,甚至果实发白,将降低其商品性,所以未采摘果实的植株最好不要落蔓。如果枝蔓生长高度超过钢丝,就应让主蔓沿钢丝南北向攀爬,此时钢丝上冬瓜植株的须不必去除,而是让其自然缠绕在钢丝上,以防止主蔓弯曲下垂,导致冬瓜蔓弯折,影响冬瓜的长势。

(三)留瓜的位置要科学

早摘的植株尽量在上部留瓜,晚摘的植株尽量靠植株下部留瓜,而后再对温室内所有植株落1次蔓,尽量让植株高低一致,坐瓜距离地面的高度也一致,以便于以后植株的管理。

七、冬瓜植株留第一个瓜应掌握的原则

冬瓜植株第一个瓜留得合适与否很关键。这包括留瓜的早晚、位置和留瓜大小。长势中庸的植株在11～12片叶处留第一个瓜较合适。长势偏旺的植株则从第七片叶处开始留瓜,这样易坐住瓜和控制茎蔓长势。对长势太弱的植株,可考虑发起棵来再留瓜。第一个瓜留得过早常会出现"坠住棵子"的情况,植株长势弱,影响后期产量;留得太晚,植株长势通常会过旺,不仅这个瓜很难坐住,以后再坐瓜也很困难,只能摘心抑制长势,利用侧枝结瓜。但这样做会大大延长冬瓜上市时间。

那么,怎样留好第一个瓜呢?根据寿光菜农的经验,留第一个瓜应掌握以下原则:一是不管多么健壮的植株,第一个瓜留瓜节位不可过低。如果留瓜节位过低,容易出现畸形瓜,如细腰长瓜等。二是第一个瓜应早摘。冬瓜宜实行单蔓连续留瓜的方式,因此第一个瓜留瓜不可太大,以防止坠蔓,对下一茬瓜的留瓜时间和瓜的质量造成不良影响。第一个瓜由于植株发棵不够充分,一般1.5千克左右即可摘除。三是第一个瓜留瓜后要早防"瓜码瘪了"。由于冬瓜幼瓜坐住后容易出现"瓜码瘪了"的现象,因此在第一个瓜刚坐住时,要控制浇水与施肥量,降低棚温至28℃～30℃。待幼瓜开始膨瓜时,再供给充足的肥水,促其膨瓜发育。同时,要根据土壤墒情及时浇水,并每667平方米每次随水冲施优质复合肥20千克以及优质生物菌肥60千克即可,不可单浇清水。

八、科学养根,防止植株早衰

(一)重施有机肥,改良土壤

有机肥可起到增强土壤透气性、提高地温、均衡供应营养等多重作用。连年过量使用化学肥料将造成土壤板结和土壤溶液浓度过高,这是当前温室种植中存在的普遍问题。这些问题在一定程度上可以说是造成根系受伤或者烂根死棵的罪魁祸首。因而,改善施肥情况,减少化肥用量,重施有机肥,改良土壤,促进生根,确保冬瓜整个生育期正常生长,是越冬冬瓜获得高产的重要条件。有机肥,如鸡粪、牛粪,每 667 平方米适宜用量为 20～25 立方米,使用前必须充分腐熟,以免造成烧根熏苗或者引发病虫害。

(二)高垄栽培,提高地温,促进生根

起垄定植是寿光菜农普遍采用的种植方法,但不少菜农是将冬瓜种在垄的斜坡上,而不是直接种在垄顶上,这样虽然能够起到提高地温的作用,但同时存在因浇水施肥不当而造成伤根的问题。因而,越冬冬瓜更适宜高垄垄顶栽培。垄高 20 厘米、宽 20 厘米即可,这样不仅有利于增大垄面的见光面积,也有利于提高地温,而且可改善连年使用旋耕机翻地而造成地表 15 厘米以下耕作层变硬、透气性变差的状况,从而更有利于根系的生长。

(三)露坨定植,穴施生物菌肥

冬瓜根系好气性强,有氧呼吸旺盛,在含氧量高的土壤中发育良好,故根系分布较浅,多分布于 5～30 厘米的土层内。定植切勿过深,露坨定植有利于根系的发育。根部病害是近年来温室冬瓜生产中的主要问题之一。穴施生物菌肥可以利用以菌抑菌的方法

预防根部病害,同时还可促进生根,有利于冬瓜形成壮棵和冬瓜产量的提高。每667平方米可施"落地生根"抗死棵生物肥(含有放线菌和芽孢杆菌)80～120千克,沟施或穴施皆可。

(四)合理使用肥水,促进根系发育

如果一次性浇水过多,使土壤水分过多,会降低土壤氧气含量,不利于根系正常呼吸而发生伤根。如果一次性施肥量过大,造成土壤溶液盐离子浓度过大,易造成烧根。相反,如果土壤水分少,土粒对水分、养分吸附能力增加,妨碍了根对养分和水分的吸收。因此,要合理浇水施肥。可根据土壤干湿状况、生长需求情况控制浇水施肥量,避免浇水施肥量过大造成伤根或烧根情况,从而保障根系的正常生长。对于已发生根受伤而产生黄叶的,要及时采用叶面喷施、地下灌根相结合的方法进行防治,可叶面喷施细胞分裂素600倍液＋核苷酸叶肥500倍液,防止叶片老化;灌施生根剂1 500倍液,促进生根。

九、如何防止冬瓜旺长

(一)调控棚温,拉大昼夜温差

夜温过高会引发植株旺长。冬瓜白天温度控制在25℃～30℃,夜间控制在13℃～15℃,将昼夜温差掌握在10℃～15℃,可避免植株旺长。

(二)适量浇水,防止温室内土壤湿度过大

温室内土壤湿度过大也是造成冬瓜旺长的主要原因之一。在冬瓜结瓜以前应控水控棵,做到不旱不浇,以促进根系深扎,促使根系发达。结果前期不要过量浇水,以防止土壤湿度过大而发生

旺长。在一般情况下,土壤保持湿润的状况即可。

(三)合理施肥,控制氮肥用量

不同冬瓜品种对氮、磷、钾的吸收比例不同,如冬瓜对氮、磷、钾的吸收比例大致为 1.3∶1∶1。生产中应充分考虑土壤养分状况合理施肥,避免一次性施用氮肥过量而造成植株旺长。

(四)注意药物控制与植株调节

在植株发生旺长后,可叶面喷施助壮素 750 倍液或矮壮素 1 500 倍液＋磷酸二氢钾 300 倍液进行控制,也可喷用 5％萘乙酸 1 500 倍液左右,使营养生长向生殖生长转化。还可以将植株茎蔓上部拉成平斜状,抑制其顶端优势,使其转入正常开花结瓜。

十、寡照时不要盲目提温

若遇连续弱光的环境条件,日光温室冬瓜就会开花坐瓜不良,导致产量降低。但不少菜农还没有认识到这个问题,仍然认为低温是造成开花坐瓜不良、影响产量的关键,因而在管理上仍然以保温管理为主,结果盲目提温往往造成日光温室冬瓜植株早衰现象严重。

在正常情况下,温室内白天温度可达 30℃ 以上,最低夜温也能维持在 12℃～13℃,最低地温也可达 15℃左右,基本上可满足日光温室冬瓜生长所需的温度,温度已不再是制约冬瓜生长的关键。相反,连续阴天造成温室内持续弱光的环境才是制约冬瓜生长,造成冬瓜产量降低的关键。

大家都知道,冬瓜总产量的 90％以上来源于光合作用,而光是光合作用的动力,是形成叶绿素、叶绿体以及正常叶片的必要条件。在弱光的环境条件下,光合速率慢,光合作用制造的有机营养少,不能满足植株和果实生长所需的有机营养,因而冬瓜表现为叶黄、茎细,开花坐瓜不良、化瓜严重等。如果误以为这些不良后果是低温所致而过度提温,则易造成不充足的有机营养过量消耗而加重植株的衰弱程度。因为提高棚温,呼吸作用将加速进行,特别是在夜间,植株将白天积累的营养大量消耗而白白浪费掉。因此,温室寡照时切莫过度提温,相反地应该适当控制温室内的温度。

阴天时,白天可适当降低棚温,将温度控制在 25℃～28℃,这样既可满足作物进行光合作用所需的最适温度,又可减少光呼吸的消耗。若持续阴天,还可对冬瓜叶面喷施 200～400 毫克/千克亚硫酸氢钠溶液,抑制光呼吸,减少有机营养的消耗。

控制白天温度的目的是控制夜间温度,使夜间温度处于13℃～15℃之间。若夜间温度过高,光合产物运输方向会受到影响,使其容易流向新生叶处,容易发生徒长现象,即表现为开花坐瓜不良,最终导致产量降低。

十一、冬瓜人工授粉应注意哪些问题

在日光温室内没有传粉的媒介,这就需要进行人工授粉或采用激素蘸花促进冬瓜。冬瓜的人工授粉需要注意以下 3 个问题:一是要保证有适宜的温度。冬瓜花粉形成的最适宜温度为25℃～30℃,在这个温度条件下,形成的花粉数量多,容易完成人工授粉。如果温度较低,尤其是阴雨天时,温室内温度低于 15℃,就不能形成花粉,这样第二天开的花就没有花粉,无法进行授粉。二是人工授粉时必须使用当天开放的雄花,因为雄花开花时间过长,到中午 12 时以后,温度超过 35℃,在高温条件的影响下,花粉容易由黄色变为红褐色,则花粉已老化,就不能使用,因为这样的花粉活性很弱或已失去活性,即使授粉成功也容易出现畸形瓜。另外,35℃以上的高温,还会造成雌蕊花柱对花粉的黏着性降低,使花粉不易黏在雌蕊的柱头上,不能完成人工授粉。三是要注意人工授粉的时间。一般冬瓜花在上午5～8时开放,在上午9～11时花粉的质量最好,此时的花粉呈浅黄色,同时温室内空气湿度最适宜,有利于授粉的顺利进行。

十二、日光温室冬瓜多施有机肥料好处多

(一)大量施用有机肥能改良土壤

有机肥尤其是猪粪、禽粪和秸秆堆肥有机质含量达30%～50%,施用后能全面增加土壤中有机质的含量。如果能通过增施有机肥把菜地有机质含量提高到2%以上,则土地适耕性会达到新的水平,这样的土地称为"海绵田"。其缓冲能力增强,抗旱、抗涝、抗冻、抗肥、抗盐碱能力大增;改良土壤的水、气、热的综合能力会在各种条件下展现出来,从而实现冬瓜的丰产优质。

(二)有机肥营养全,可明显提高冬瓜产量和品质

大量使用有机肥,如每667平方米每年用5 000千克以上,因其中的大量元素和微量元素丰富,可直接被作物吸收利用,具有很大的数量优势。其中有机质分解经历的漫长过程,可长期供应冬瓜所需的营养。其中产生的腐殖质、维生素、抗生素和各种酶,可增强作物的新陈代谢,促进冬瓜根系和地上部的生长发育,提高冬瓜对各种营养的吸收利用能力。冬瓜对三要素的吸收能力提高后,可明显提高果实产量和品质。此外,对微量元素的吸收可增强冬瓜的抗性,减少缺素症即生理病害的发生。

(三)大量施用有机肥可培植土壤中的有益菌

有益菌多靠分解有机物而发生和发展,如能配合使用一些好

品牌的生物菌肥,则效果会更理想,可以以菌抑菌,有效地防治冬瓜根部病害,也能因此减少地下灌用农药,避免农药对土壤和地下水的污染。

(四)大量施用有机肥能避免土壤"疲劳"

从土壤营养物质应当递补的原理来看,每一年的冬瓜生产会消耗土壤中的有机质约为 2 000 千克。应当在生产结束后给土壤补足这些有机质,否则土壤会发生"疲劳",表现为肥力降低,理化性状变劣,如团粒结构变差、透气性恶化、保水保肥能力下降、土壤板结、盐碱升高、酸化、适耕性下降等,会严重影响冬瓜的生产水平。

(五)大量施用有机肥能增加二氧化碳生成量

有机肥大量使用后,在其缓慢的分解过程中会释放二氧化碳。日光温室冬瓜在冬季生产时这些被释放的二氧化碳会在夜间闭棚时在棚中积累。据测定,多数棚室中一夜积累的二氧化碳浓度可达 1 000 毫升/米³ 以上,有些能达到 1 500 毫升/米³ 以上,也就是说其积累的二氧化碳是普遍空气中 300 毫升/米³ 的3～5 倍之多。而第二天只要光照正常,这些二氧化碳积累较高的日光温室,其光合产物数量大为提高,粗略地看是普遍状态下光合产物的 3～5 倍。有关光合研究表明,日光温室冬瓜第二天在光照正常时,其二氧化碳只够 1 小时左右的消耗,这可以理解为这段时间里光合产物在单位时间里提高了 3～5 倍。这也是为什么严冬季节日光温室冬瓜往往能高产的原因。归根到底是多施了有机肥,就能多产生二氧化碳,因而就多形成了光合产物,从而提高冬瓜产量。

十三、日光温室冬瓜行间覆草技术

日光温室冬瓜一般都采取高垄种植,实行高垄覆地膜,两个高垄中间留45厘米左右的空背,作为田间管理和采摘冬瓜时的人行道。据试验,在空背上铺草是实现冬瓜优质高产行之有效的实用技术。

(一)冬瓜行间覆草方法

把各种杂草、麦秸、玉米秸、稻草等铡成约10厘米长的小段,在冬瓜结果前秧苗不太高时,选择在晴天12~14时铺在空背上,厚度一般以5厘米左右为宜。

(二)冬瓜行间覆草好处多

1. 提高土壤肥力 据测定,每667平方米铺草750千克,腐熟后提供的氮、磷、钾养分相当于硫酸铵18.75千克,过磷酸钙6.25千克,硫酸钾3.75千克,而且行间覆草能抑制杂草生长。

2. 提高地温 空背铺草后,夜间可防止热量散失,白天能吸收一定的热量,加上杂草腐烂过程中散发的热量,可明显提高温室内的温度。

3. 防止土壤板结 进行田间管理和采摘冬瓜时操作人员需经常行走在空背上,易造成土壤板结。由于铺草后土壤通透性长期处于良好状态,从而为根系向地表伸展,扩大肥水吸收范围创造了有利条件。

4. 减轻病害 日光温室中的水分和湿度是诱发冬瓜霜霉病的重要条件之一。空背铺草后,减少了地表水分的蒸发,有效地控制了室内湿度,可在一定程度上减轻霜霉病和其他病害的发生和危害。

5. 省工省水　据调查,在栽培冬春茬冬瓜时实行铺草,从摘第一个果实到拉秧,铺草可减少浇水 5～8 次,每 667 平方米可节约用水 200 立方米,节省人工 12 个左右。

十四、日光温室冬瓜根系培育技术

在日光温室冬瓜生产中,不少菜农往往把注意力放在改善光、温、气等空间条件上,而对于改善土壤环境,为冬瓜创造有利于根系发达和保持其旺盛活力的工作不够重视。俗话说"根深才能叶茂",培育发达且具有旺盛生命力的根群,是保证冬瓜获得高产优质的重要措施之一。但近年来,由于化肥的使用不科学,致使温室土壤出现板结、盐碱化以及土传病害增多的现象,抑制了冬瓜根系的正常生长发育,降低了冬瓜的产量和品质。因此,培育日光温室冬瓜发达的根系,应注意采取以下五项科学的措施。

(一)深翻土壤,增施充分发酵腐熟的有机肥

深翻土壤是消除土壤板结、增加活土层的基础。在深翻的同时,大量施入充分发酵腐熟的有机肥,不仅可以为冬瓜提供长效多元素的营养,而且还可以改良土壤结构,提高土壤理化性能,为冬瓜的生长提供具有良好通透性和缓冲能力的土壤条件。

(二)培育多根苗和保护好幼苗根系

冬瓜的基本根系是在育苗期形成的。育苗期间,培育根系发达的秧苗,在移栽时保护好这些根群,不仅可提高成活率,缩短缓苗期,而且可为早熟高产奠定良好的基础。从护根的角度来看,由于冬瓜根系木质化程度高,发生木质化时间早,伤后难以再生,所以采用穴盘、营养钵、塑料筒或纸袋等容器育苗是非常必要的。同时,冬瓜茎基部有生不定根的能力,尤其是幼苗生不定根的能力

强,不定根有助于吸收肥水,故此栽培上常有"点水诱根"之说,在栽培过程中,茎基部经常形成一些根原基,应采取有效措施创造适宜诱根环境,促其根原基发育成不定根,有助于植株生长发育。育苗期间的"炼苗"、定植后的"蹲苗"都可以诱发新根的产生和深扎。

(三)采用科学配方施肥技术

不同的肥料对根系的发生与发展的作用是不一样的,如钙直接影响根尖分生组织的成长,锌决定根尖的生长速度,磷能促进根系细胞的分裂、增殖和伸展。因此,在苗床、栽培地施肥时都要注意施用过磷酸钙和硫酸锌。如果在使用过磷酸钙肥料时添加适量的食用醋,可形成具有一定溶解度的醋酸钙,可提高冬瓜对钙的吸收利用率。

(四)注意保护好根系

根系在其生长过程中会因低温、高温、积盐、"肥烧"和机械损伤等而受到伤害。地温低时,根系会发生寒根和沤根;地温高会使根系过快地衰老;土壤的高溶液浓度会使根尖和根毛受到损伤和抑制,使根系的吸收能力大大降低;施肥不当或不适宜的中耕松土可能会使根系受到损伤。因此,在温室冬瓜的生产中,在深翻土壤、增施充分发酵腐熟的有机肥的基础上,适时播种、适期嫁接和定植、适时覆盖和揭除地膜、采用科学配方施肥技术和中耕松土等,都是保护根系的重要措施。

(五)及时促进受害根系的恢复

在温室冬瓜的栽培中,如果冬瓜的根系受到伤害,要尽快采取措施促使其恢复;要针对发生的病害种类,选用适宜的药剂进行灌根处理,同时要加入生根壮苗剂促发新根。此外,在日常管理过程中应施用生物菌肥或甲壳素等预防病害的发生。

十五、日光温室冬瓜一年两茬种植技术

寿光市洛城街道后邵村近年种植的冬瓜,成功地实现了早春茬和秋延后茬一年两熟制,单茬每667平方米产量达5000~8000千克,每667平方米年产值达2.5万元以上。该村冬瓜两茬种植的成功经验如下。

(一)选择最佳播种期

第一茬冬瓜在1月上中旬播种,播后覆盖薄膜防寒。第二茬冬瓜在7月底至8月初播种。

(二)催 芽

播种前将冬瓜种子埋在湿细沙中催芽,力争出芽整齐。第一茬瓜种应在播种前7天开始催芽,第二茬瓜种在播种前2天开始催芽。

(三)精细整地,合理密植

定植前翻耕多耙,耙碎耙平,并把杂物清除干净,而后起垄种植,大行距为80厘米、小行距为50厘米、株距为45厘米,每667平方米定植1800~2000株。

(四)科学施肥

1. 施足基肥 在整地起畦时每667平方米施腐熟农家粪肥1000~1500千克、复合肥10~15千克、过磷酸钙50千克。采用开沟条施,覆盖薄土后播种。

2. 巧施幼苗肥 在瓜苗长至2~3片叶时,每667平方米用尿素1.5~2千克+复合肥1.5千克对水淋施,促使瓜苗快长。

3. 重施攻蔓攻瓜肥　在瓜苗长至 6～7 片叶时重施攻蔓肥,每 667 平方米施花生麸 30～40 千克、猪粪 1 000 千克(花生麸与猪粪必须先混合沤熟)、硫酸钾 10～15 千克,对弱苗加施尿素 5～10 千克。瓜苗长出小瓜时,应重施攻瓜肥,每 667 平方米施复合肥 15 千克、尿素 5～10 千克、硫酸钾 7.5～10 千克。

4. 根外追肥　在花蕾开放后,结合防治病虫害进行根外追肥,一般可喷施磷酸二氢钾、高美施 988(有机腐殖酸液肥)等肥。

(五)吊蔓吊架,除芽留瓜

冬瓜瓜蔓长为 2.5～3 米,在瓜蔓长到 1.5 米左右时应开始吊绳吊架。冬瓜靠主蔓结瓜,主蔓分枝能力强,侧芽较多,因此要及时摘除侧芽。瓜苗长到 18～20 片叶时开花,开花时应在上午 9 时前授粉。一般每条主蔓先留第一、第二个瓜,待瓜长到 1 千克左右时再视瓜的长势去弱留强,每株只留 1 个瓜,并把瓜用绳固定在架上。留瓜后待主蔓再长出 12～15 片叶时进行打顶。

(六)适时收获

当瓜皮转为墨绿色、瓜叶落黄时即可收获,一般第一茬瓜在 5 月上旬、第二茬瓜在 10 月底至 11 月初成熟收获上市。

十六、温室冬瓜早春茬有机生态型无土栽培技术

(一)有机生态型无土栽培设施

1. 栽培槽　栽培槽用 24 厘米×12 厘米×5 厘米的标准红砖建造,栽培槽内径为 48 厘米、高 15 厘米、长依温室确定,南北走向。槽间距为 60 厘米,槽底部铺一层 0.1 毫米厚的聚乙烯膜,以防止土壤病虫害传播。

2. 栽培基质　有机基质可供选用的有菇渣、锯末、玉米秸秆、玉米芯、向日葵秆、酒糟等;无机基质可供选用的有河沙、炉渣、珍珠岩等。有机基质经高温发酵消毒后需与无机基质再按一定的配比混合。寿光市采用的有机基质与无机基质的配比为 6∶4,混合基质按每立方米加入经消毒的鸡粪 10 千克＋硫酸钾 1.5 千克＋稳得高 301 活性肥 1.8 千克,掺匀后填入槽内,基质以装满槽为宜。每茬冬瓜收获后进行基质消毒,基质一般可使用 3～5 年。

3. 灌溉设施　可安装自来水设施,或在地面上建 1.5 立方米的蓄水池;每个栽培槽铺 2 根滴灌管或 1 根滴灌带。

如有条件,可采用袋式有机生态型无土栽培。

(二)有机生态型无土栽培的育苗

1. 品种选择　选择耐低温、弱光、早熟、抗病、丰产的品种,寿光市多选用绿春冬瓜、一串铃 4 号等小型冬瓜。

2. 茬口安排　12 月 10 日前后育苗,翌年 1 月中旬定植,4 月上旬大量上市。

3. 浸种催芽　先将精选好的种子用清水浸 2～3 小时,取出待种壳稍晾干后再放入 40％甲醛 100 倍液中浸 30 分钟,取出用清水冲洗干净,再用 30℃清水浸泡 12～16 小时。当剖开种子见其内部无干心、2 片子叶已分离时即可用湿毛巾包好放在 30℃～35℃下催芽,每天用 30℃清水淘洗 2 次,3 天后可出芽。也可用温汤浸种法进行种子处理,将精选好的种子放入 5 倍于种子体积的 60℃热水中,用玻璃棒不断搅拌,当水温降至 30℃左右时搓洗净种子表皮黏质物,用清水浸泡 12～16 小时后,放在 30℃～35℃下催芽。

4. 播种及管理　采用 50 孔穴盘进行人工无土育苗,种子播深 1.5 厘米,浇透水,置于环境温度为 28℃～30℃的条件下育苗(为确保苗的质量,在设施条件比较差的地方,一般采用电热温床育苗）。出苗后白天温度控制在 25℃左右,夜温控制在 17℃左右,当苗长到 3 叶 1 心时开始使用叶面肥,叶面肥以 0.2％的磷酸二氢钾液为好,每 7 天喷 1 次。

(三)有机生态型无土栽培管理

1. 定植　当苗具 4 叶 1 心时开始定植。定植苗应选用无病虫害、大小一致的健壮苗,采用双行错位定植,同行株距为 70 厘米,植株基部距同部位槽内边缘 10 厘米,基质略高于苗坨。

2. 定植后管理

(1)温度和光照管理　冬瓜是喜温蔬菜,在不同生育期对温度要求不同。苗期白天温度应控制在 23℃～27℃,夜间温度控制在 15℃～18℃,以利于促根壮秧,促进雌花提早发育。坐瓜期白天温度控制在 25℃～27℃,夜温控制在 15℃～18℃,以利于促进果实的发育。冬瓜属短日照作物,但大多数品种对光照要求不严格,因此在栽培过程中,应选择适当的栽培密度,草苫应早揭晚盖,勤擦洗棚膜,以尽可能延长光照时间。

(2)肥水管理　冬瓜的浇水和追肥应根据作物生长发育的需求规律和天气情况确定,尽可能满足苗期每天每株 1 升、结果期每天每株 1.5 升的需水量。定植后 20 天开始追肥,此后按植株长势及需肥情况每 10 天追肥 1 次。开花前每株追施有机生态专用肥 15 克、硫酸钾 5 克,坐瓜期每株追施有机生态专用肥 25 克、硫酸钾 10 克,将肥料均匀地撒在距根部 5 厘米外的基质表面,并结合喷施叶面肥补充微肥,在冬瓜膨大期喷 2 次巨能钙肥。采收前 1 个月停止追肥。

(3)植株调整与授粉　有机生态栽培冬瓜采用单干整枝,在主蔓上坐瓜。应根据冬瓜品种特性进行栽培和合理留瓜,从第二朵雌花开始坐瓜,比较集中的位置在 9～17 节之间,1 株留 1 个瓜。及时将侧枝、老叶和病叶摘除。冬瓜的雄花较多,一般采用花期人

工辅助授粉的措施。若用激素蘸花,一般用 50~100 毫克/千克的
2,4-D+20 毫克/千克的赤霉素涂抹花托和柱头;蘸花液当温度低
时采用上限浓度,温度高时采用下限浓度。

3. 采收 适时采收是提高效益的保证。一般情况下,根据瓜
的外表特征确定采收标准:青皮冬瓜皮上茸毛逐渐减少、稀疏,皮
色由青绿色转为黄绿色或深绿色时即可采收;粉皮冬瓜皮上出现
白色粉状物时,即为最佳采收时期。为了延长冬瓜的贮运时间,一
定要带瓜柄采收。

第八章　日光温室冬瓜病虫害防治技术

一、侵染性病害

(一)冬瓜猝倒病

【危害症状】　如果种子在出土前被病菌侵染发病时,将造成烂种。幼苗被病菌侵染后,先在幼苗胚茎基部出现水浸状病斑,而后病斑迅速绕茎一周,变为褐色;病部软腐,明显缢缩,病株容易突然倒伏。病部表皮极易脱落,维管束缢缩似线,潮湿时病部可见白色絮状物。如幼苗发病很快倒伏,倒伏时仍呈绿色。

【发病规律】　猝倒病的病原物为真菌中藻状菌的腐霉菌和疫霉菌,以卵孢子在土壤中越冬,由卵孢子和孢子囊从苗茎基部侵染发病。病菌在土壤中能存活 1 年以上。腐霉菌侵染发病的最适温度为 15℃~16℃,疫霉菌为 16℃~20℃,一般在苗床低温高湿时最易发病。

【防治方法】　①选用无病菌的土壤育苗。②培育壮苗,提高植株抗病性。③实行土壤消毒,育苗棚可用 40% 甲醛 200 倍液浇淋土壤,闷棚 7 天后定植。用浓度为 1.5% 的过氧化氢溶液(俗称双氧水)浸种 3 小时,而后用清水冲洗干净后播种。④药剂防治。可用 69% 烯酰·锰锌可湿性粉剂 1 000~1 200 倍液,或 72.2% 霜霉威水剂 600 倍液,或代森锰锌可湿性粉剂 800 倍液等喷洒,每 7~10 天喷 1 次,连续喷 2~3 次。

(二)冬瓜立枯病

【危害症状】　主要危害幼苗茎基部或地下根部。被害幼苗初始在茎部出现椭圆形暗褐色病斑,逐渐向里凹陷,边缘较明显,扩展后绕茎一周,致瓜苗茎部萎缩干枯而死亡,但不折倒。根部染病多在近地表根颈处,皮层变褐色或腐烂。瓜苗开始白天萎蔫,夜间恢复,几天后病株萎蔫枯死。立枯病多发生在育苗中后期。

【发病规律】　该病病原为立枯丝核菌,属半知菌亚门。病菌主要以菌丝体和菌核在土壤或病残体中越冬,腐生性很强,可在土壤中存活 2～3 年。病菌通过雨水、灌溉水及带菌农家肥等传播,20℃～27℃最适宜病菌生长。一般苗床高温高湿、通风不良、土壤水分忽高忽低或幼苗徒长等,均易发病。

【防治方法】　①选用无病菌的土壤育苗。②培育壮苗,提高植株抗性。③育苗棚可用 40%甲醛 200 倍液浇淋土壤,闷棚 7 天后定植。④用 58%安克锰锌(烯酰吗啉＋代森锰锌)可湿性粉剂8～10 克拌细土 15 千克,用于播种后覆盖种子。⑤用 1.5%的过氧化氢溶液浸种 3 小时,而后用清水冲洗干净后播种。⑥药剂防治。发病初期可喷洒 50%多菌灵可湿性粉剂 500 倍液,或 70%甲基硫菌灵可湿性粉剂 1 000～1 500 倍液,或 15%噁霉灵 450 倍液,或 5%井冈霉素水剂 1 500 倍液,每 7～10 天喷 1 次,连续喷 2～3次。

(三)冬瓜霜霉病

【危害症状】　冬瓜幼苗期就能发病,结瓜期受害最重,主要危害叶片。子叶被害时,初呈褪绿黄色小斑点,后变黄褐色,潮湿时病斑背面生紫黑色霉层,病重时子叶黄枯。成株叶片发病,多在开花结瓜后发生,并在盛瓜期达到高峰。一般中、下部叶片先发病,初呈水浸状,黄色至鲜黄色,病斑因受叶脉限制,多呈多角形,后呈黄褐色干枯。

【**发病规律**】 该病病原为假霜霉属古巴假霜霉。病菌在10℃～28℃条件下生长良好,侵入适温为16℃～22℃,产生孢子囊的适温为15℃～20℃,温湿度尤其是湿度对病害流行起决定性作用。田间气温上升至10℃时开始出现病株,20℃～24℃适宜病害流行,高于30℃或低于15℃时病害受抑制。病菌发育和产孢要求空气相对湿度为83%以上并保持4小时,结瓜期昼夜温差大、湿度高、结露时间长,会诱发病害流行。

【**防治方法**】 ①生态防治。田间水分含量适宜时,在晴天中午密闭日光温室,使植株上部温度升高至41℃、保持2小时,可提高抗病能力。合理施肥,提高抗病能力。施足基肥,生长期要适当追施氮肥,调节好碳氮比,可叶面适当喷施蔗糖液。②药剂防治。在发病初期,每667平方米用45%百菌清烟剂0.2～0.25千克在温室内分放4～5处,用暗火点燃,发烟时闭棚熏一夜,翌日晨通风,每隔7天熏1次。在发病初期,也可于傍晚用喷粉器喷撒5%百菌清粉尘剂,每667平方米喷1千克。如田间发现中心病株要及时喷洒10%乙膦·锰锌可湿性粉剂500倍液,或25%嘧菌酯悬浮剂600～1 000倍液,或53%甲霜·锰锌水分散粒剂600～700倍液,每隔7～10天用1次药。也可用15升水+72.2%霜霉威20毫克+尿素10克+白糖20克(调节碳氮比)喷雾。

附:快速鉴定霜霉病的方法

由于品种的抗病性不同,以及所处的环境条件不同,霜霉病的症状往往出现多样性。如有时整个叶片布满许多黄色的角斑,而没有黑霉;有时叶片出现一些多角形的圆斑,而在叶片的背面看不到黑色的霉层等。霜霉病症状的复杂性增加了识别病害的难度,而只有快速识别才能抓住时机,对症下药。具体的识别方法如下:将病叶采下放入杯子中,加少许水增加病叶的湿度,将杯子口封严,在20℃左右的条件下保湿,约经过一个晚上,如果叶片的背面有黑色的霉层出现,即可断定是霜霉病;如果出现一些黏稠的液体,则为角斑病;如果病斑上隐隐约约出现一些小的黄色黏稠物,则为由炭疽病引起。

（四）冬瓜疫病

【危害症状】　该病主要为害茎、叶和果实。苗期染病后,茎、叶、叶柄及生长点呈水浸状或萎蔫,而后干枯死亡。成株染病多从靠近地面的部位或嫩头开始发生,初始为水浸状,病部失水缢缩,病部以上叶片迅速萎蔫,维管束不变色。叶片受害后,出现灰绿色的水浸状、圆形不明显又不太规则的大斑,空气湿度大时病斑快速扩大。嫩瓜发病先从下部坐的瓜侵染,瓜表面病斑也呈暗绿色水浸状,继而凹陷,而后大面积腐烂,瓜肉变为黄褐色,上有稀疏的白色霉状物,当裂开时溢出胶状物。

【发病规律】　该病病原菌为德氏疫霉,属鞭毛菌亚门疫霉属真菌。病菌以菌丝体、卵孢子或厚垣孢子随病残组织遗留在土壤中越冬。翌年菌丝体接触到感病寄主或卵孢子和厚垣孢子,通过雨水、灌溉水传播到寄主上,孢子萌发产生芽管,芽管与寄主表皮接触后产生附着器,再从附着器上产生侵入丝,直接穿过表皮进入寄主体内。如播种带菌的种子,也可引起田间发病。高温高湿有利于发病。病原菌致病适温为 27℃～31℃。

【防治方法】　①实行轮作。温室内实行 3 年以上轮作,采用地膜覆盖,起垄栽培,合理灌溉,控制田间湿度。及时进行植株调整,防止生长过密、通风不良。②药剂防治。发现中心病株后及时喷药防治。适用的药剂有 72.2％霜霉威水剂 600～800 倍液,25％甲霜灵可湿性粉剂 800～1 000 倍液,58％甲霜·锰锌可湿性粉剂 400～500 倍液,64％噁霜·锰锌可湿性粉剂 500～600 倍液,80％代森锰锌可湿性粉剂 500～600 倍液,72％霜脲·锰锌可湿性粉剂 800～1 000 倍液,50％甲霜·铜可湿性粉剂 600 倍液,56％氧化亚铜水分散粒剂 600～800 倍液,63％安克·锰锌可湿性粉剂1 000 倍液。以上药剂要交替使用,以防止病菌产生抗药性。

(五)冬瓜白粉病

【危害症状】 该病主要危害冬瓜的叶片。发病初期,叶片正面或背面出现近圆形的白色水粉斑,直径为 4～6 毫米不等,以叶背居多,以后随病斑逐渐扩大,成为边缘不明显的大片白粉区,严重时粉斑密布于叶面上并互相融合,导致叶片变黄,终致干枯,使植株生长及结瓜受阻,生育期缩短,产量降低。

【发病规律】 该病病原菌为瓜类单囊壳白粉菌。属于子囊菌亚门真菌。病菌以菌丝体或闭囊壳在寄主或病残体上越冬。病菌主要由空气和流水传播。白粉病菌的分生孢子落到叶片上,在空气相对湿度为 25%～95% 时均能萌发,空气相对湿度为 100% 或叶面有水滴时,反而对萌发不利。若病斑被水浸湿后,病菌分生孢子也停止生长。分生孢子在 10℃～30℃ 下均可萌发,而以 20℃～25℃ 为最适宜。植株徒长、蔓叶过密,通风透光不良等,均容易导致白粉病的大发生。

【防治方法】 ①加强栽培管理,施足基肥,增施腐熟有机肥和磷、钾肥,避免偏施氮肥,培养健壮植株以提高植株抵抗力;及时摘除老叶、病叶、黄叶等,增强田间通风透光能力。②发病初期采用 27% 高脂膜乳剂 80～100 倍液喷洒叶片,在叶片上形成一层薄膜,这样不仅可防止病菌侵入,还可造成缺氧条件致使白粉病病菌死亡。③药剂防治。根据白粉病的发生规律,发现病株后要及时浇水,增大田间湿度后再进行药剂防治。生产实践已证明这种防治方法非常有效。常用的药剂有 15% 三唑酮可湿性粉剂 1 500 倍液,40% 氟硅唑乳油 8 000 倍液,30% 氟菌唑可湿性粉剂 1 500～2 000 倍液,47% 春雷·王铜可湿性粉剂 600 倍液。每隔 4～5 天喷 1 次药,连续喷药 2～3 次。喷药须在中午前进行,喷药要做到细致、均匀、大水量。

(六)冬瓜蔓枯病

【危害症状】　蔓枯病主要危害瓜蔓,叶与果实亦可受害。病蔓开始在近节部呈褪绿色油渍状斑,稍凹陷,有时溢出黄白色流胶,干燥后呈红褐色,后期病茎干枯并纵裂,表面散生黑色小点,即病菌的分生孢子器及子囊壳,严重时引起"烂蔓"。叶片上病斑近圆形,有的自叶缘向内呈"V"形,淡褐色至黄褐色,后期病斑易破碎,病斑上生许多黑色小点,轮纹不明显。该病与枯萎病不同,它不会导致全株枯死,维管束也不变色。

【发病规律】　该病为真菌引起的病害。病菌随病残体在土中或附在种子、温室棚架上越冬,通过灌溉水传播,从植株气孔、水孔或伤口侵入。

【防治方法】　发病初期可选用70%代森联干悬浮剂800倍液、40%氟硅唑乳油8 000倍液、50%醚菌酯干悬浮剂3 000倍液、50%混杀硫悬浮液500～600倍液、50%嘧霉胺可湿性粉剂500倍液、43%戊唑醇悬浮剂3 000倍液、75%百菌清可湿性粉剂600倍液、25%嘧菌酯胶悬剂1 500倍液、10%苯醚甲环唑可分散粒剂1 500倍液、70%甲基硫菌灵可湿性粉剂500倍液等药剂中的任一种喷洒,每7～10天施药1次,连续防治2～3次。对温室每667平方米可用30%百菌清烟剂250克熏烟。

(七)冬瓜灰霉病

【危害症状】　病菌先侵染花瓣,导致花瓣腐烂。幼瓜脐部呈水渍状,停止生长,腐烂或脱落。花瓣掉到叶上后,病斑近圆形或不规则形,边缘明显,病部生灰色霉毛。病组织附着在茎上时,导致烂茎,造成植株枯死。

【发病规律】　由半知菌亚门灰葡萄孢属引起的真菌病害。病菌以菌丝或分生孢子及菌核附着在病株残体上,在土壤中越冬,借风雨传播。空气湿度大、温度较高时,病菌活动旺盛,危害快速而且严重;温度超过 32℃时,危害较轻;有风时,病情发展快。

【防治方法】 ①农业防治。培育壮苗,加强管理,防止温室内湿度过高、日照不足。栽培时要注意通风,调整好温、湿度。要把灰霉病侵染的花瓣及时从瓜上摘除,避免其再侵染茎和叶。②药剂防治。人工授粉时可在点花的药液中加入 0.1% 的 50% 腐霉利可湿性粉剂。发病初期,可用 50% 异菌脲可湿性粉剂 1 500 倍液,或 50% 腐霉利可湿性粉剂 2 000 倍液进行喷洒,每隔 5～7 天喷 1 次,连续喷 2～3 次。

(八)冬瓜炭疽病

【危害症状】 该病可危害子叶、真叶、叶柄、主蔓、果实等部位。冬瓜成株叶片受害时,病初为红褐色圆形小斑,而后扩大为直径 4～18 毫米大小不等的圆形或近圆形褐色病斑,边缘色深,中间色稍浅,病斑外有黄色晕环。果实染病多在顶部,病斑初呈水浸状小点,后逐渐扩大,出现圆形褐色凹陷斑。温度高时病斑中部长出粉红色粒状物,病斑连片致皮下果肉变褐色,严重时腐烂。

【发病规律】 该病病原菌为瓜类炭疽菌,属半知菌亚门真菌。病菌在土壤中的病残体内或种子上越冬,借助风、雨、棚膜上的水滴和昆虫传播。发病与温湿度关系密切,其中湿度大是发病的主要因素。

【防治方法】 ①选用籽粒饱满、抗病力强的种子,播前用 1.5% 过氧化氢溶液浸泡种子 3 小时,而后用清水冲净后播种。②加强日光温室内温湿度的管理,使温室内空气相对湿度控制在 70% 以下,以减少叶面结露和吐水。③加强栽培管理,合理密植,及时疏叶打杈,使温室内通风透光良好。④药剂防治。发现病情后可用 80% 代森锰锌可湿性粉剂 600 倍液或 65% 代森锌可湿性粉剂 500～600 倍液,60% 防霉宝(多菌灵盐酸盐)超微可湿性粉剂

800倍液喷雾防治。每隔5～7天喷1次,连续喷3～4次。

(九)冬瓜绵疫病

【危害症状】　冬瓜果实受害,先在接触或靠近地面的部分产生黄褐色水渍状稍凹陷的病斑,条件适合时,病斑迅速扩大,表面密生棉絮状白色霉层,病瓜腐烂发臭。茎、叶也能受害。叶片上的病斑黄褐色,潮湿时产生白色霉层并腐烂;茎上的病斑初为暗绿色,后湿腐,使上部茎叶枯萎。

【发病规律】　病菌以菌丝体随病残体在土壤中越冬,生长季节中湿度大易发病。

【防治方法】　①及时收集病苗、病果带出田外烧毁。②避免苗床浇水过多,成株期及时排水,降低田间湿度。③发病初期喷洒72.2%霜霉威水剂400倍液,或69%烯酰·锰锌可湿性粉剂1000倍液等药剂,每隔7～10天喷洒1次,连续防治2～3次。

(十)冬瓜枯萎病

【危害症状】　幼苗期发病,叶片萎蔫,胚茎基部呈褐色水浸状软腐,潮湿时长出白色菌丝,猝倒枯死。成株发病,植株下部叶片萎蔫,逐渐向上发展。开始时白天萎蔫,夜间恢复,数日后全株萎蔫枯死。枯死植株的茎基部开始软化,呈水渍状,后逐渐干枯,表皮粗糙纵裂,维管束变褐色。湿度大时,病部常长红色和白色霉状物。

【发病规律】　该病病原菌为尖孢镰刀菌,属半知菌亚门真菌。病菌以菌丝体、菌核、厚垣孢子在土壤中的病株残体上越冬。病菌的生活力很强,能残存5～6年。病菌主要通过带菌的农家肥、种子、流水传播。病菌通过植株根部伤口和根毛顶端细胞间隙侵入,在维管束内繁育,并随上升液流分散到植株的茎、叶柄和叶片等部位。病菌繁育过程中产生果胶分解酶和维生素分解酶,使果胶积累,分解细胞以产生多醌类化合物造成植株萎蔫,导管变褐色。病菌在4℃~38℃均能生长发育,但最适宜温度为28℃~32℃,土温达到24℃~32℃时发病很快,土壤相对湿度在90%以上有利于病害发生。

【防治方法】 ①嫁接防病。②种子消毒。播种前用40%甲醛100倍液浸种30分钟,或用50%多菌灵1500倍液浸种1小时,用清水冲洗干净药液后催芽播种。③土壤消毒。具体方法参阅本书第五章中"二、土传病害"。④药剂防治。发病初期可选用50%代森铵水剂1000~1500倍液、50%甲基硫菌灵可湿性粉剂500倍液、双效灵(混合氨基酸铜络合物)水剂200倍液、15%噁霉灵水剂450倍液、60%琥·乙膦铝可湿性粉剂1500倍液灌根,每株灌药液200~250克,7天左右灌1次,连灌2~3次。用以上药液灌根时可加入生根壮苗剂600~800倍液,促进根系生长。发病初期要防止大水漫灌,以控制病菌传播。

(十一)冬瓜细菌性角斑病

【危害症状】 该病主要危害叶、茎及果实。叶片染病,最初呈现水浸状小病斑,病斑逐渐扩大并受叶脉限制,多呈多角形或不规则形,中央黄白色至灰白色,易穿孔或破裂。茎部染病,呈水浸状浅黄褐色条斑,湿度大时分泌出白色至乳白色菌液,果实染病后,开始出现水浸状小圆点,以后迅速扩展,小病斑融合成大病斑,果实呈水浸状软腐。

【发病规律】 该病病原为丁香假单胞杆菌。病菌在种子上或随病残体留在土壤中越冬。病菌可在种皮内外存活1~2年。病菌发育适温为25℃~28℃,最高35℃,最低1℃;致死温度49℃~50℃经10分钟,适宜的土壤pH值为5.6~6.8。种子带菌可直接侵染子叶再进行传播。

【防治方法】 加强田间通风透光,降低田间湿度;发现中心病株后可喷施72%农用链霉素可溶性粉剂4 000倍液,或56%氧化亚铜水分散粒剂800倍液,或碱式硫酸铜悬浮剂400倍液,每隔7~10天喷1次,连续喷2~3次。

(十二)冬瓜细菌性斑点病

【危害症状】　该病主要危害叶片,多以中上部叶片发病重。发病初期叶片上出现油浸状褪绿圆形小斑点,逐渐扩大成直径1~3毫米的近圆形或多角形浅褐色病斑,病斑周围有油浸状褪绿晕圈。发病重时,叶片上布满病斑,可造成叶片早枯。

【发病规律】　该病为野油菜黄单胞菌所致。病菌随病残体在土壤中越冬,也可随种子越冬,靠风、雨传播。发病适宜温度为22℃~25℃,空气相对湿度为95%以上,侵入叶面时需要叶面有水膜存在。保护地冬瓜发病重于露地冬瓜。保护地冬瓜多在通风口或薄膜破损处发病。

【防治方法】　同细菌性角斑病。

(十三)冬瓜细菌性缘枯病

【危害症状】　该病主要危害叶片。多在叶背面产生水浸状小斑点,逐渐扩大为浅褐色不定型病斑,或由叶缘向叶片中间扩展成"V"字形斑。病斑油浸状,周围有晕圈。果实发病,多在瓜尖部发生水浸状褐色病斑,湿腐,后脱水干枯,黄化凋萎。湿度大时,病部溢出少量白色菌脓。

【发病规律】　该病为边缘假单胞菌所致。病菌随病残体在土壤中越冬,种子也可带菌,借风雨、农事操作传播。病菌喜温暖和湿润的条件。温度为20℃,空气相对湿度90%以上,叶面有结露或叶缘有水,是病菌活动和侵入的重要条件。因此,春茬保护地冬瓜,尤其是日光温室冬瓜发病重。

【防治方法】　同细菌性角斑病。

(十四)冬瓜病毒病

【**危害症状**】　该病分花叶病毒病和皱缩病毒病 2 种。花叶型病毒病的症状是叶上有黄绿相间的花斑，叶面凹凸不平，新生出的叶片畸形、硬化，蔓顶端节间缩短。皱缩型病毒病的症状主要是新生叶狭长、皱缩、硬化、扭曲。病株花发育不良，难以坐瓜，即使有瓜，也是畸形、硬化、表面斑驳的瓜。

冬瓜病毒病与螨类危害、植物生长调节剂药害症状相似，容易混淆，生产上应注意区别。

螨类危害症状：螨类喜群集嫩叶背面吸食汁液，受害轻者叶片缓慢伸开，变厚、皱缩，叶片深绿；受害严重时瓜蔓顶端叶片变小、变硬，叶背呈灰褐色。具油质状光泽，叶缘向下卷，致生长点枯死，不长新叶，其余叶色深绿，幼茎变为黄褐色。冬瓜受害后变为黄褐色至灰褐色。植株扭曲变形或枯死。

生长调节剂药害症状：该病害又叫激素类中毒。主要是苗期应用多效唑或人工授粉时应用 2,4-D 浓度过大引起的。苗期应用多效唑过早或浓度过大，往往导致植株节间变短，叶色深绿，叶片较小、扭曲。人工授粉时应用 2,4-D 浓度过大，常造成新叶变小、叶色深绿、叶片皱缩，坐住的瓜也呈畸形。

【**发病规律**】　冬瓜病毒病主要由黄瓜花叶病毒和甜瓜花叶病毒侵染所致。病毒可在菠菜、芹菜和宿根杂草上越冬。种子可带病毒传播，也可由蚜虫带毒传播，或因人工田间操作造成汁液摩擦传播。天气高温干旱、蚜虫为害严重是发病的主要条件。另外，栽培管理粗放，肥水不足，定植期晚和发根缓苗慢、植株生长势弱等，均易染病。

【**防治方法**】　从无病瓜选留种，并用 10％磷酸三钠溶液浸种 10 分钟，或对种子进行干热处理，即用 70℃恒温处理 72 小时；加强栽培管理，合理增施钾肥；合理灌溉，防止干旱；促使植株健壮生长,提高抗病能力;发现病株要立即拔除烧毁,铲除田间及周围杂草,减少病源,同时要用 25%噻虫嗪水分散粒剂 3 000 倍液及时治蚜防病。发病初期,开始喷洒 20%吗胍·乙酸铜可湿性粉剂 400～600 液,或植病灵(有效成分为三十烷醇,十二烷基硫酸钠和硫酸铜)200～300 倍液,在使用上述药剂时可加入 0.2%的硫酸锌和其他微量元素。

(十五)冬瓜根结线虫病

【危害症状】　该病主要危害根部,在主根和侧根相连处形成根结肿瘤,形状多为球形,有的呈团状,危害严重时形成一串,如串珠状。线虫侵染根部后,使根系吸收能力下降,导致地上部生长萎缩,病株比其他健康植株矮小、叶片小,最后全株枯死。整个发病过程比枯萎病慢。切割根部肿瘤,在一般放大镜下观察,能见到线虫。

【发病规律】　由线形动物门根结线虫属线虫引起的病害。线虫以卵在病株根内,随同病株残根在土壤中越冬或越夏,或以二龄幼虫在土壤中越冬。在环境条件适宜时,越冬卵孵化为幼虫。而二龄幼虫继续发育,靠土壤、水流、农机具等传播。幼虫一般从嫩根部位侵入。侵入前能做短距离移动,速度很慢,故本病不会在短期内大面积发生和流行;侵入后,能刺激根部细胞增生,形成根肿瘤。地势高燥、疏松、透气的沙质土壤发病重。土壤 pH 值中性时,有利于线虫活动,发病重。酸性或碱性土壤不利于发病。土壤潮湿、黏重时,发病轻或不发病。

【防治方法】　①农业防治。调节土壤 pH 值,使其呈酸性或碱性,不能呈中性,以创造不利于线虫发生的土壤环境条件。由于线虫一般在 30 厘米以上的土层内活动,所以应深翻土壤 40 厘米以上,为冬瓜根系的生长提供深厚的土层,避免线虫的侵入。对线虫发病重的日光温室,可在每年 6～10 月维持田间积水 3 个月以上。寿光市农业专家协会从 2006 年开始于这一时期在日光温室中种植水稻,不仅防治了线虫,还提高了复种指数,增加了收入。②药剂防治。每 667 平方米施用 10％噻唑磷颗粒剂 5 千克,其中土壤深翻时用 3 千克,并务必使其与土壤充分混匀,另外 2 千克在定植时与 100 倍的干细土拌匀,2/3 撒于穴底,1/3 撒于穴表面。在整地起垄时,每平方米用 1.8％阿维菌素水剂 1 克加入 800～1 000 倍水稀释后喷入土壤,并多次搂地,使药液与土壤充分混匀。

二、冬瓜虫害

(一)白粉虱

【为害特点】 白粉虱成虫和幼虫群集在叶片背面吸食植物汁液,使叶片萎蔫、褪绿、黄化甚至枯死,其排出的蜜露引起煤污病的发生,覆盖、污染叶片和果实,严重影响光合作用。白粉虱还可传播病毒,引起病毒病的发生。

【生活习性】 ①成虫的羽化和产卵。伪蛹经 3 天左右背部出现"T"字形裂缝,而后露出成虫的头部,从露头至展翅约需 20 分钟。成虫羽化后 1～3 天可交尾产卵,平均每头产 150 粒。也可孤雌生殖,其后代为雄性。卵散产于叶片背面。②成虫活动习性是白天活跃,早晚活动迟钝,飞动能力不强,一般在 1 米方圆的范围内飞动,人工驱赶后,基本再回到原处,喜栖于幼嫩叶片背面取食、产卵,趋向黄绿色。③若虫初孵者可爬行,半天后趋于定居不动,2 天后其触角和足退化,2～3 龄时基本不动。④生活史及代数。据观察,1 年中露地发生 6 代;日光温室发生约 9 代,以各种虫态在温室越冬,翌年 4～5 月份大量迁往露地为害,7～8 月份虫口增长速度较快,8～9 月份为害严重,10 月下旬向日光温室转移。在24℃条件下,成虫期为 15～17 天,卵期为 7 天左右,幼虫期为 8 天左右,蛹期为 6 天左右。

　　【防治方法】　①严格控制越冬基数。日光温室是白粉虱越冬的良好场所和主要基地,一定要千方百计将白粉虱消灭于日光温室中。否则,翌年春天白粉虱大量向露地迁飞,给防治工作带来很大困难。防治白粉虱主要采取熏闷法加展着剂法,熏闷法是把敌敌畏滴于烧过的热蜂窝煤上,使其变成烟雾,关紧门窗密闭熏闷8～12 个小时,每间温室(约 25 平方米)用原药 15 毫升。加展着剂法是在选用杀灭菊酯或溴氰菊酯 2 000 倍液中,按水量的 0.2%加入洗衣粉溶化搅匀后进行喷雾,可使药液较易附着于虫体或叶片,起到增效作用。每 3～4 天喷 1 次,连续喷 3 次,重点喷叶片背面,兼顾其他部位。②物理防治。根据白粉虱成虫对黄色有强烈趋性的习性,在日光温室内设置黄色板诱杀成虫。具体做法是:用60 厘米×40 厘米的纤维板或硬纸板,两面刷成橙黄色,并涂上一层机油(用 10 号机油加少许黄油调匀),竖直插于田间,或均匀悬挂于植株上方,其高度以黄板底部与植株齐平为宜。每 667 平方米插 25 块板左右,视冬瓜植株长势适当增减。③药剂防治。一是喷施农药法。在白粉虱发生早期和发生密度较低时喷药,可选用25%噻嗪酮可湿性粉剂 1 000～1 500 倍液、1.8%阿维菌素乳油2 000～3 000 倍液轮换用药以延长杀虫剂使用年限和延缓抗药性产生。白粉虱发生较重时,每 667 平方米用 22%敌敌畏烟剂 500克于傍晚密闭温室熏蒸,杀灭成虫;每 667 平方米用 5%灭蚜粉尘剂 1 000 克喷粉,对白粉虱有一定防效。也可用 25%噻虫嗪水分散粒剂 4～8 克对水 50 升喷施叶背面,效果较好。二是药剂灌根法。定植后,用 25%噻虫嗪水分散粒剂 20～30 克对水 200 升灌根;在白粉虱发生初期,用 10%吡虫啉可湿性粉剂 60 克对水 200升灌根,也可收到较好防效。

(二)烟粉虱

【为害症状】 烟粉虱以成虫、若虫为害作物。一是直接刺吸植物汁液,造成寄主营养缺乏,影响寄主正常的生理活动,造成生理无序现象,形成冬瓜"银叶";二是成虫、若虫分泌蜜露,诱发煤污病的产生,密度高时叶片呈现黑色,影响光合作用,造成叶片变黄、萎蔫,甚至整株枯死;三是成虫是植物病毒的传毒媒介,造成作物发生病毒病。据报道,烟粉虱可传播70种以上的病毒病,感病植株出现矮化,叶片发生褪绿、斑驳、卷叶等症状。

【发生特点】 一是烟粉虱世代重叠严重,防治困难。烟粉虱1年可发生11~15代,生活史分为卵、若虫、伪蛹和成虫。卵极小,多产在叶片背面,肉眼很难看到;若虫为3个龄期,固定在叶片背面不活动;伪蛹在若虫蜕皮后硬化的皮壳内,表面有一层"蛹壳";成虫体长不足1毫米,体翅覆盖白色蜡粉,虫体小,一般停留在叶片背面,飞翔力不强,可在植株间作短距离扩散,也可借风力或气流作长距离迁移。大发生时田间卵、若虫、伪蛹、成虫并存,发生期极不整齐,世代重叠,防治困难。二是繁殖速度快,来势猛。烟粉虱具有以下特点:①繁殖周期短。在适宜的温度下,完成1代只需20天左右。其中卵期5天,若虫期15天。②成虫期寿命长。一般为10~22天,最长可达2个月。③产卵量大。温度为26℃~28℃时,平均每头雌成虫产卵252粒。④适应性强。烟粉虱能忍受40℃以上的高温,夏季高温干旱,有利于种群的增长。因此,烟粉虱极易在短期内形成庞大数量而暴发成灾。三是抗药性极强,防治效果差。由于烟粉虱被蜡质,世代重叠,繁殖速度快,发生来势猛,促使有的菜农往往滥用化学农药,从而造成恶性循环,使其抗药性迅速增强。同一药剂连续施用2~3次就会产生抗性,如噻嗪酮连续使用2次,烟粉虱抗性就增长12倍。用药次数越多,该虫产生抗药性越快。

【防治方法】　一是农业防治。注意清洁温室，及时将蔬菜秸秆集中堆沤、掩埋或烧毁。人工清除或用 20％百草枯水剂对田间、路边杂草进行化学防除。尽量减少烟粉虱寄主并控制其后代基数。用 30 目的防虫网和遮阳网覆盖育苗，可减少虫源危害。二是生态控制。根据烟粉虱成虫对黄色有强烈趋性的习性，在日光温室内设置黄板诱杀成虫，其具体做法是：用 60 厘米×40 厘米纤维板或硬纸板刷成橙黄色，并涂上一层机油（用 10 号机油加少许黄油调匀）。将黄板竖直插于田间或均匀地悬挂于植株上方，悬挂高度以黄板底部与植株相平为宜。每 667 平方米需黄板 25 块左右，视不同作物及长势适当增减。三是规范化学防治。为确保防治效果和无公害蔬菜品牌，不仅要选用高效低毒低残留农药，而且要科学配药和科学使用。①熏蒸。每 667 平方米可用 80％敌敌畏乳油 150 毫升＋水 3～5 升，均匀地喷在 20 千克的干木屑上或 10 千克麦糠上，在傍晚撒于植株间闭棚熏蒸。②烟熏。每 667 平方米可用 12％哒·异丙烟剂 200～400 克于傍晚闭棚点燃熏烟，对烟粉虱成虫和若虫有较好防效。③灌根。幼苗定植前每株可用 25％噻虫嗪水分散粒剂 6 000～8 000 倍液 30 毫升灌根，对烟粉虱具有良好的预防和控制作用。④喷雾。可选用 25％噻嗪酮可湿性粉剂 1 000～1 500 倍液、10％吡虫啉可湿性粉剂 2 000 倍液、1.8％阿维菌素乳油 2 000 倍液、10％氯噻啉可湿性粉剂 2 000 倍液，均匀喷雾。冬瓜发生银叶病后，单纯用杀虫剂防治效果不佳，可在防治病毒病的药剂如吗·乙酸铜可湿性粉剂 400～600 倍液、植病灵 200～300 倍液中加入等微量元素叶面肥，以增强防治效果。当成虫零星发生时，及时用药，每 5～7 天喷 1 次，连续喷 3～4 次；加大用水量，均匀喷雾，每 667 平方米用水量不少于 60 升。喷雾防治以上午露水未干为宜。不同性质的杀虫剂可混用，但不要超过两种。必须轮换交替用药，同一药剂不得连续施用 2 次。

(三)美洲斑潜蝇

【为害症状】 成、幼虫均可造成危害。雌成虫把植物叶片刺伤,进行取食和产卵。幼虫潜入叶片和叶柄,产生不规则的蛇形白色虫道。初期虫道呈不规则的线状伸展,虫道终端明显变宽。

【发生特点】 雌虫以产卵器刺伤叶片,把卵产在部分气孔表皮下。卵经 2~5 天孵化,橙黄色期 4~7 天。末龄幼虫咬破叶表皮,在叶外或土表下化蛹。蛹经 7~14 天羽化为成虫。夏季每代为 2~4 周,冬季每代为 6~8 周。

【防治方法】 ①农业防治。及时摘除有虫叶,集中烧毁。收获后,集中处理残株,消灭越冬的虫或蛹。②物理防治。采用灭蝇纸诱杀成虫。在成虫始发盛期至末期,每 667 平方米设置 15 个诱杀点,每个点放置 1 张诱蝇纸诱杀成虫,每 3~4 天更换 1 次。③药剂防治。发现害虫后可用 5% 氟啶脲乳油 2 000 倍液,或 1.8% 阿维菌素乳油 3 000 倍液喷雾防治,每隔 7~10 天喷 1 次,连喷 2~3 次。此外,在斑潜蝇化蛹高峰期,每 667 平方米用噻唑磷颗粒剂 4~5 千克,拌细土 30 千克,均匀撒施于菜田土表,进行中耕划锄,可以起到杀蛹作用。

(四)蓟 马

【为害症状】 蓟马幼虫、成虫锉吸冬瓜心叶、嫩叶,被害植株生长点萎缩、变黑而出现丛生现象。心叶不能展开,影响正常坐瓜。

【发生特点】 温度、湿度是影响黄蓟马发生的主要因素。黄蓟马发育最适温度为 25℃ 左右,温度低于 15℃ 或高于 30℃ 对黄蓟马发育极不利。土壤湿度与黄蓟马末龄若虫入土及羽化有密切关系,土壤含水量为 8%~18% 时,黄蓟马末龄若虫羽化率较高,含水量高于或低于此范围对黄蓟马末龄若虫的羽化不利。

蓟马以有性生殖和孤雌生殖方式繁衍后代。雌、雄成虫一生可交尾多次。卵产于寄主组织内,每雌虫产卵 30～70 粒,卵期 4～9 天,若虫期 3～11 天,蛹期 3～12 天,成虫寿命 6～25 天。

【防治方法】 ①农业防治。加强田间管理。清除田间附近杂草,使用营养杯育苗和防虫网覆盖,防止黄蓟马为害。蓟马具趋光性,可利用蓝板诱杀。②药剂防治。在蓟马发生期,每株有 3～5 头虫时进行喷药防治,在清晨露水未干时喷药。可使用 50% 辛硫磷乳油 1 000 倍液或 10% 吡虫啉可湿性粉剂 1 500 倍液喷洒防治,也可使用菊酯类农药防治。最好在 6 天内连续两次施药。

提起蓟马,很多菜农都觉得难治,有的菜农甚至对其束手无策。这主要是很多菜农不了解蓟马生活习性的缘故。因而防治工作没有做到有的放矢,切中要害,具体表现在以下 3 个方面:①只重视杀虫,不重视杀卵。对于害虫的防治,不少菜农采取急功近利的做法,用药上仅注重杀虫,不注意杀卵,容易形成"摁下葫芦浮起瓢"的被动局面,因而感到蓟马难治。防治蓟马最好选用具有同时消灭虫、卵功效的药剂,或将杀虫与杀卵的药剂复混使用。例如,可选用 2.5% 多杀霉素 1 000 倍液＋10% 吡虫啉 2 000 倍液进行防治。多杀霉素对害虫具有快速的触杀和胃毒作用,对叶片有较强的渗透作用,持效期较长,且有一定的杀卵作用;吡虫啉则具有触杀、胃毒和内吸等多重作用,均可选用以消灭蓟马。②只顾用药防治,不管用药时间。有的菜农防治蓟马与防治其他害虫一样,都是在上午或下午用药,这种方法不适合用来防治蓟马,因为蓟马具有趋花的习性和昼伏夜出的习性。蓟马趋花的习性,决定了防治蓟马须在开花前用药效果才好;昼伏夜出的习性,决定了防治蓟马须在傍晚用药效果才好。③只喷植株,不喷地面。因为蓟马的卵、蛹及成虫隐藏性强,不仅存在于植株上,也大量存在于土壤缝隙中,因而只喷植株杀虫不彻底。为了彻底杀虫,在喷药时应加大用药量,不仅要喷洒植株,还要喷洒地面,而且要喷严喷透。

(五)瓜　蚜

【为害症状】　瓜蚜的成虫及若虫栖息在瓜类叶片背面和嫩梢嫩茎上吸食汁液。结瓜前嫩叶及生长点被害后，植株提前枯死，将使结瓜期大大缩短，将降低冬瓜的产量。此外，瓜蚜能传播病毒病，将加重对冬瓜的为害。

【发生规律】　瓜蚜无滞育现象，因此只要具有瓜蚜生长繁殖的条件，可周年发生。北方冬季瓜蚜可在日光温室的瓜类上继续繁殖。春季当气温稳定在6℃以上，越冬卵开始孵化。越冬卵孵化一般多与越冬寄主叶芽的萌发相吻合。当气温达12℃时，瓜蚜在冬寄主上行孤雌胎生繁殖2～3代；到4月份至5月初，产生有翅胎生雌蚜，从冬寄主迁飞到瓜田和温室内繁殖为害。秋末冬初气温下降，不适于瓜蚜生活时，瓜蚜就产生有翅蚜，逐渐有规律地向冬寄主转移。瓜蚜活动繁殖的温度范围为6℃～27℃，气温为16℃～22℃时最适于瓜蚜繁殖。瓜蚜繁殖速度与气温关系密切，夏季4～5天1代，春秋季10余天1代，冬季温室内蔬菜上6～7天1代。由于每头雌蚜可产若蚜60～70头，且世代重叠严重，所以瓜蚜发展迅速。瓜蚜具有较强的迁飞和扩散能力，瓜蚜的扩散主要靠有翅蚜的迁飞、无翅蚜的爬行及借助于风力或人力的携带。干旱气候有利于瓜蚜发生，夏季温度和湿度适宜时，瓜蚜也能大量发生。一般离瓜蚜越冬场所和越冬寄主植物近的日光温室受害重。有翅蚜对黄色有趋性，对银灰色有负趋性，有翅蚜迁飞还能传播病毒。瓜蚜的天敌很多，蜘蛛在捕食性天敌中占有绝对优势，占天敌总数的75%以上。此外，还有瓢虫、草蛉、食蚜蝇、蚜茧蜂等多种天敌。

【防治方法】　①生物防治。选用高效低毒的农药，避免杀伤天敌。有条件的地方可人工助迁或释放瓢虫(以七星瓢虫为好)和草蛉以消灭蚜虫。②物理防治。育苗时小拱棚上覆盖银灰色薄膜;定植后,日光温室四周挂银灰色膜条;温室的通风口设置纱网,以减少蚜虫迁入。用 30 厘米×60 厘米的木板或纸板涂成黄色,外涂机油,均匀插于温室内,可诱杀有翅蚜,以减轻其为害。③药剂防治。一是烟雾法。每 667 平方米用 22%敌敌畏烟剂 0.5 千克分放 4～5 堆,用暗火点燃,闭棚熏烟 3～4 小时。二是喷雾法。用 10%吡虫啉可湿性粉剂 1 000 倍液,或 2.5%高效氟氯氰菊酯乳油 3 000 倍液,或 20%氰戊菊酯乳油 3 000 倍液,或 2.5%联苯菊酯乳油 3 000 倍液,或 5%鱼藤精乳油 500 倍液喷雾。喷布时应注意使喷嘴对准叶背,将药液尽可能地喷到瓜蚜体上。为避免瓜蚜产生抗药性,应轮换使用不同类型的农药。

(六)斜纹夜蛾

【为害症状】　以幼虫为害全株。幼虫小龄时群集叶背啃食,3 龄后分散为害叶片、嫩茎。老龄幼虫可蛀食果实。

【生活习性】　该虫在山东 1 年发生 4～5 代。以蛹在土下 3～5 厘米处越冬。成虫白天潜伏在叶背或土缝等阴暗处,夜间出来活动。每只雌蛾只产卵 3～5 块,每块有卵粒 100～200 个,卵多产在叶背的叶脉分叉处,经 5～6 天就能孵出幼虫。初孵幼虫聚集叶背,4 龄以后和成虫一样白天躲在叶下土表处或土缝里,傍晚后爬到植株上取食叶片。成虫有强烈的趋光性和趋化性,黑光灯的诱蛾效果比普通灯明显。成虫对醋、酒味很敏感,趋向性很强。卵的孵化适温为 24℃左右。幼虫在气温为 25℃时,历经 14～20 天化蛹,化蛹的适宜土壤持水量为 20%左右,蛹期为 11～18 天。

【防治方法】　①深耕灭蛹。斜纹夜蛾越冬蛹的入土深度较浅,大部分越冬蛹在耕作层中,所以收获后要及时耕翻土地。②人工捕杀。利用斜纹夜蛾产卵为卵块的特点,进行人工采卵,每采 1 个卵块相当于消灭 100～200 条幼虫。对漏采的卵块,可利用初孵幼虫群集的特点,在田间进行其他作业时及时摘除"纱窗叶"(斜蚊夜蛾卵块)。③药剂防治。不必全田喷药,只要及时对集中的初孵幼虫和未采摘的"纱窗叶"进行喷药,即可收到良好的杀虫效果。适用于喷洒的药剂有25%噻虫嗪水分散粒剂5 000倍液、2.5%高效氟氯氰菊酯乳油2 000倍液、1.8%的阿维菌素乳油2 000倍液等。在幼虫2龄前喷药防治。

(七)黄守瓜

【危害症状】 黄守瓜成虫取食瓜苗的叶和嫩茎,把叶片食成环形或半环形缺刻,咬食嫩茎造成死苗,还为害花及幼瓜。该虫还在土中咬食根茎和瓜根,常使瓜秧萎蔫死亡。该虫也可蛀食贴地面生长的瓜果。如果不及时防治,该虫往往造成较大幅度减产和降低冬瓜品质。

【发生规律】 在北方温室保护地瓜菜与露地瓜菜栽培茬相衔接或交替、全年栽培瓜类蔬菜的地区,黄守瓜于温室保护地转移到露地,或从露地转入温室保护地,可1年发生2代,甚至在日光温室内出现3代幼虫。在露地1年1代区,黄守瓜越冬成虫5~8月份产卵,6~8月份为幼虫为害期,以7月份为害最甚。8月份成虫羽化后咬食为害秋季瓜菜,10~11月份逐渐进入越冬场所。在日光温室内,成虫多于2~6月份产卵,3~6月份为幼虫为害期,以5月冬春茬瓜类作物结瓜盛期为害最重,6月下旬至7月上旬羽化为成虫。第二代幼虫为害期在7~11月份,主要为害秋冬茬和越冬茬瓜类蔬菜秧苗和伏茬的瓜果,11月后又以成虫寄生于温室内,冬季咬食瓜叶。黄足黄守瓜成虫喜在温暖的晴天活动,在早晨露水干后取食。成虫的飞翔力较强,稍受惊扰即坠落,一段时间后再展翅飞翔。成虫具有假死性。越冬成虫寿命很长,在北方地区可达1年左右。成虫对黄色有趋性,且喜欢取食瓜类的嫩叶,常常咬断瓜苗的嫩茎,因此瓜苗在5~6片真叶以前受害最严重。在开花前主要取食瓜叶,成虫常以自己的身体为半径旋转咬食一圈,使叶片呈干枯的环形或半圆形食痕及圆形孔洞,这是黄守瓜为害的典型特征。开花后,黄守瓜还可为害瓜花和幼瓜。雌虫一生可产卵150～2 000粒,卵多产在寄主根部附近土表的凹陷处,成堆产或散产。幼虫蛀食主根后,叶片瘟缩;蛀入茎基,则地面瓜藤枯萎,甚至全株死亡。幼虫可转株为害。高龄幼虫还可蛀地面的瓜果。

【防治方法】　①阻隔成虫产卵。采用全田地膜覆盖栽培,在瓜苗茎基周围地面撒布草木灰、麦穰、麦秸、木屑等,以阻止成虫在瓜苗根部产卵。②适当间作套种。瓜类蔬菜与十字花科蔬菜、莴苣、芹菜等蔬菜实行间作套种,在冬瓜苗期适当种植一些高秆作物。③药剂防治。瓜类蔬菜对不少药剂比较敏感,易产生药害,尤其苗期抗药力弱,要注意选用适当的药剂,严格掌握施药浓度。防治成虫可用90%晶体敌百虫1 000倍液,或80%敌敌畏乳油1 000倍液,或50%辛硫磷乳油1 000倍液,或2.5%溴氰菊酯乳油3 000倍液,或10%氯氰菊酯乳油3 000倍液喷雾。防治幼虫可用50%辛硫磷乳油1 000倍液,或90%晶体敌百虫1 000倍液,或5%鱼藤精乳油500倍液,或烟草浸出液30～40倍液灌根,可杀死土中幼虫。

(八)瓜绢螟

【为害特点】　瓜绢螟以幼虫为害瓜类作物的嫩头和幼瓜,也可为害叶片,发生严重时可吃光叶片,仅剩叶脉。

【发生规律】　瓜绢螟一般1年发生4～5代,以8～9月份为害最重。成虫昼伏夜出,卵散产于叶背,或20粒左右聚集在一起,卵期4～6天,幼虫期10～12天。初孵幼虫多集中在叶背取食叶肉。3龄后吐丝缀合叶片或侵入嫩头为害。严重发生时,常为害幼瓜、花或潜入瓜藤。幼虫性活泼,遇惊即吐丝下垂转移他处继续为害。

【防治方法】　①农业防治。清洁温室。瓜田收获后将枯蔓落叶收集集中处理,以压低虫口基数。在幼虫发生期,人工摘除卷叶,捏杀幼虫。②药剂防治。掌握在孵卵盛期施药,并注意将药液喷洒到叶背或嫩头上。可用1.8%阿维菌素乳油3 000倍液,或40%阿维·敌畏乳油800倍液,或50%辛硫磷乳油1 000倍液喷洒。

(九)茶黄螨

【为害症状】 成螨和幼螨聚集在植株幼嫩部位特别是生长点周围,以刺吸式口器吮吸植物汁液。轻度为害时,叶片张开较慢,叶缘增厚,深绿、皱缩;严重为害时,瓜蔓顶部叶片变小变硬,叶片背面黄褐色至灰褐色,有油质光泽,叶缘向下翻卷,最后生长点呈暗褐色枯死,不发新叶,植株停止生长。幼茎受害变为黄褐色,植株扭曲、变形。

由于该虫个体小,肉眼难以观察识别,作物上发生该虫后,常被误认为生理病害或病毒病害。故生产上应注意分辨二者的区别:病毒病发生在嫩叶,表现为小叶,叶皱缩;生理性病害引起落花、落果。病毒病在干旱条件下发生,除了小叶外,多数病毒病在叶上会表现黄绿相间的斑驳;生理性病害如缺素症、日灼一般与高温干旱有关。在高温高湿的季节,一定要注意茶黄螨的为害。茶黄螨危害冬瓜的显著特点是:叶片叶背有油质光泽,发红发亮。

【发生规律】 侧多食跗线螨以雄成螨在避风的寄主植物的卷叶中、芽心及芽鳞内和叶柄的缝隙中越冬。在北方地区的保护地内5月下旬开始发生,6月下旬至9月中旬为盛发期,10月以后气温逐渐下降,虫口数量逐渐减少。冬季主要在日光温室的越冬瓜苗上继续繁殖和越冬。侧多食跗线螨以两性生殖为主,也进行孤雌生殖。卵多散产于叶背、幼果凹处或幼芽上。产卵4~9粒,产卵历期3~5天,平均每头雌螨产卵17粒,多的可达56粒。该螨在夏季发育较快,卵经2~3天孵化,幼螨期只有1~2天,若螨期只有半天到 1 天,完成 1 个世代通常仅需 5～7 天。该螨传播蔓延除靠本身爬行外,还可借助于风力及人为的携带作远距离传播;发育适宜温度为 25℃～30℃,温度超过 35℃对其有抑制作用。湿度影响螨卵的孵化,其卵的孵化要求空气相对湿度在 80%以上。高湿对幼螨和若螨的生存皆有利。

【防治方法】 ①清扫温室。及时铲除田间、地头杂草,在前茬瓜类和茄果类收获后及时清除枯枝落叶,集中烧毁或深埋,以减少越冬虫源。②培育无虫苗。③药剂防治。药剂防治的关键是及早发现及早施药防治。一是采用烟雾法防治。用 20%敌敌畏塑料块缓释剂,每立方米用 7～10 克熏蒸。二是采用喷雾法防治。用 20%双甲脒乳油 1 000 倍液,或 73%炔螨特乳油 1 200 倍液,或 5%噻螨酮乳油 2 000 倍液喷雾。需要注意的是,螨虫不仅具有趋嫩性,而且喜欢集中在叶片背面,所以喷药时要重点喷叶背。喷施杀螨剂时要上喷下翻,注重喷幼嫩部位,并翻过喷头向上喷叶背。如果茶黄螨和白粉虱混合发生,可选用噻嗪酮、浏阳霉素乳油等喷雾防治。

(十)红 蜘 蛛

【为害症状】 红蜘蛛学名称朱砂叶螨,以成螨、若螨在冬瓜的叶背吸食汁液,使叶面水分蒸腾增强,叶绿素变色,光合作用受到抑制,使叶面变红、干枯、脱落甚至整株枯死,导致产量降低和影响品质。

【发生规律】 早春温度上升至 10℃时,红蜘蛛开始大量繁殖。成螨、若螨靠爬行、风雨及农事操作迁移、扩散。红蜘蛛以两性生殖为主,也可行孤雌生殖。卵散产,多产于叶背,1 头雌螨可产卵 50～100 粒。在不同的温度下,各螨态的发育历期差异较大。在最适温度下,该虫完成 1 代一般只需 7～9 天。高温、低湿有利于其繁殖。温度为 25℃～28℃、空气相对湿度为 30%～40%时,其产卵量、存活率最高;温度为 20℃ 以下、空气相对湿度为 80% 以上,不利于其繁殖;温度超过 34℃ 时,停止繁殖。早春温度回升快,该螨活动早,繁殖快,冬瓜受害也较重。保护地栽培冬瓜由于温度较高,该螨发生早,为害重。

【防治方法】 ①农业防治。清除温室四周杂草,前茬收获后,及时清除残株败叶,用以沤肥或销毁。避免过于干旱,适时适量灌水,注意氮、磷、钾肥的配合施用。②生物防治。朱砂叶螨的天敌很多,有应用价值的种类有瓢虫、草蛉、蜘蛛、食螨瘿蚊等。有条件的地方可以引进释放或在田间加以保护利用。③药剂防治。在瓜田点片发生阶段及时进行挑治,以免其暴发为害。近年来,由于连年使用有机磷农药,叶螨已产生了抗性,因此要经常轮换使用化学农药,或使用复配增效药剂和新型的特效药剂。目前防治该螨效果较好的药剂有 20% 复方浏阳霉素乳油 1 000～1 200 倍液,或 73% 炔螨特 1 000 倍液,或 5% 噻螨酮乳油 3 000 倍液,或 2% 阿维菌素可湿性粉剂 1 000 倍液喷雾。此外,可用 80% 敌敌畏乳油 1 000 倍液等有机磷农药与其他药剂轮换使用。

(十一)蝼　蛄

【为害特点】 成虫、若虫在地下咬食播下的种子或幼芽,或咬死幼苗。受害根部呈乱麻状。蝼蛄在土表下潜行时,将土层钻成许多隆起的隧道,使幼苗根土分离,导致幼苗失水干枯而死,造成缺苗断垄。

【发生规律】 在保护地和露地的冬瓜里均有蝼蛄出没。其成虫、若虫均在土中越冬。该虫 3 年发生 1 代。每年 3～4 月份开始活动,5～6 月份当平均气温和 20 厘米地温为 15℃～20℃ 时进入为害盛期,6～7 月份为蝼蛄产卵盛期,7～8 月份天气炎热时潜入土中越夏,9 月份天气凉快时再次为害。蝼蛄喜欢在夜间活动。成虫有趋光性和喜湿性,对马粪、厩肥及香甜物质有强烈趋性。

【防治方法】 ①毒饵诱杀。在炒香的每千克豆饼、麦麸、棉籽饼中加入 90％敌百虫粉剂 30 克和少量水拌成潮湿的毒饵,撒在苗床或地里,每 667 平方米施用 2 千克左右。②夜间用黑光灯或电灯诱杀蝼蛄成虫。③药剂防治。用 5％辛硫磷颗粒剂 1 千克对土 20 千克混匀后撒入土中。也可用 50％辛硫磷乳油 1 000 倍液或 80％敌百虫可湿性粉剂 800 倍液每株灌根 150～250 克。

(十二)蛴 螬

【为害特点】 蛴螬成虫、幼虫均可为害冬瓜植株。成虫取食叶片,有时花及果实也能受害。幼虫食性杂,主要为害地下根系及根茎部,造成缺苗断垄,伤口有利于病菌侵入而诱发病害。

【发生规律】 蛴螬以幼虫或成虫在土壤中越冬。该虫一直在地下活动。当 10 厘米地温达到 5℃时,该虫开始移向土表,地温为 13℃～18℃时该虫活动最盛,地温为 23℃以上时则钻入深土中。成虫有假死性和趋光性,对未腐熟的厩肥有强烈趋性。交尾后 15～20 天产卵,卵期 15～22 天,幼虫期 30～40 天。蛴螬在地下的活动与土壤温、湿度关系密切。土壤潮湿,尤其是小雨天气,蛴螬的出没最为活跃。

【防治方法】 ①不施用未经充分腐熟的农家肥,以减少将蛴螬幼虫和卵带入田间的机会。②蛴螬发生严重的地块,要深翻土地,进行人工捕杀,这样可以消灭部分幼虫,压低虫口数量。③合理灌溉。土壤温、湿度直接影响着蛴螬的活动,蛴螬发育最适宜的土壤含水量为 15％～20％,土壤过干或过湿会迫使蛴螬向土壤深层转移,如土壤持续过干过湿,则使其卵不能孵化,幼虫死亡,成虫的繁殖和生活能力严重受阻。因此,蛴螬发生区在不影响冬瓜生长发育的前提下,对于灌溉要合理地加以控制。④药剂防治。可用 80％敌百虫可湿性粉剂 100～150 克对土 15～20 千克制成毒土,施入定植穴内或撒入田间后深翻入土中;或选用 50％辛硫磷乳油 1000 倍液,或 80%敌百虫可湿性粉剂 800 倍液,或 30%敌百虫 500 倍液喷洒或灌杀,每株灌药液 150~250 克。

三、冬瓜生理病害

(一)冬瓜缺氮症

【表现症状】 植株生长缓慢并矮化,叶片呈黄绿色,严重时叶片呈浅黄色,全株变黄甚至白化,茎叶变硬、纤维多,瓜蒂浅黄色。

【发病原因】 ①土壤本身含氮量低。②种植前施用大量未腐熟的作物秸秆或有机肥,碳素多,碳素分解时夺取土壤中氮。③冬瓜产量高,从土壤中吸收的氮素较多,但追肥不及时。

【防治措施】 ①施用新鲜的有机物作基肥时要增施氮素。②施用充分腐熟的堆肥。③应急措施是叶面喷施 0.2%~0.5%尿素液。

(二)冬瓜缺磷症

【表现症状】 冬瓜植株矮化,叶小,叶深绿色,叶片僵硬,叶脉呈紫色。尤其是底部老叶表现更明显,叶片皱缩并出现大块水渍状斑,并变为褐色干枯。

【发病原因】 ①堆肥施用量小,磷肥用量少,易发生缺磷症。②地温低常常影响对磷的吸收,日光温室等保护地冬春季或早春易发生缺磷。

【防治措施】 ①冬瓜是对磷不足敏感的作物。土壤缺磷时,除了施用磷肥外,预先要培肥土壤。②苗期特别需要磷,故苗期要注意增施磷肥。③施用足够的堆肥等有机质肥料。

(三)冬瓜缺钾症

【表现症状】 植株矮化,节间变短。叶片小,并呈青铜色,逐渐呈黄绿色。主脉下陷,叶缘干枯。失绿症先从下部老叶出现,逐渐向上部新叶发展。

【发病原因】 ①土壤中含钾量低,施用堆肥等有机质肥料和钾肥少,易出现缺钾症。②地温低,日照不足,过湿,施铵态氮肥过多等,会阻碍作物对钾的吸收。

【防治措施】 ①施用足够的钾肥,特别是在作物生育的中、后期不能缺钾。②施用充足的堆肥等有机质肥料。③如果钾不足,每667平方米可用硫酸钾15~20千克做一次性追施。④应急措施是叶面喷施0.2%~0.3%磷酸二氢钾溶液或1%草木灰浸出液。

(四)冬瓜缺镁症

【表现症状】 冬瓜生育期提前。果实开始膨大并进入盛期时,下部叶叶脉间的绿色渐渐地变黄,进一步发展时除了叶脉、叶缘残留一点绿色外,叶脉间全部黄白化。老叶先发生黄化,逐渐向幼叶发展,最后全株黄化。

【发病原因】 ①在低温条件下,镁在冬瓜植株体内的移动速率降低,出现缺镁症;②土壤中磷、钾素过多,妨碍了冬瓜对镁的吸收,尤其是日光温室栽培反应更明显。③土壤中铵态氮过剩时,将使冬瓜缺镁症加重。

【防治措施】 ①土壤缺镁,栽培前要施用足够镁肥。施用镁肥可与施用石灰结合进行。②避免一次性施用过量的钾、氮等肥料,以免妨碍冬瓜植株对镁的吸收。③一旦发现叶片出现缺镁症,应急措施是用1%~1.5%硫酸镁或硝酸镁溶液喷洒叶面。

(五)冬瓜缺锌症

【表现症状】 缺锌时,冬瓜赤霉素含量降低,生长受到抑制;茎节短,叶较硬,新生叶较小,叶缘下垂,严重时出现簇叶生长点,其症状像病毒病。叶脉间失绿呈浅金黄色。

【发病原因】 ①光照过强易发生缺锌。②若吸收磷过多,冬瓜植株即使吸收了锌,也表现缺锌症状。③土壤碱性高,即使土壤中有足够的锌,但其不溶解,也不能被冬瓜所吸收利用。

【防治措施】 ①平衡施肥,不要过量施用磷肥,多施有机肥料。②土壤缺锌时,可以施用硫酸锌,每 667 平方米施用 1.5 千克。③应急措施是用硫酸锌 0.1%～0.2%溶液喷洒叶面。

(六)冬瓜缺硼症

【表现症状】 硼参与碳水化合物的分配和运转,缺硼冬瓜叶片肥厚、起疙瘩,由叶脉黄化向叶肉扩大,叶片外卷畸形,叶缘不规则褪绿并呈细线状,雌花柱头呈褐色并腐烂。缺硼严重时,生长点叶萎缩枯干,果实木质化,内有空洞。

【发病原因】 ①酸性的砂壤土,一次性施用过量的碱性肥料,易发生缺硼症状。②土壤干燥影响对硼的吸收,易发生缺硼。③土壤有机肥施用量少,日光温室土壤碱性高时土壤也易发生缺硼。④施用过多的钾肥,将影响对硼的吸收,易发生缺硼。

【防治措施】 ①选用硼砂施入土壤中,每 667 平方米施 0.5～2 千克。喷施时一般用 0.1%～0.2%硼砂或硼酸溶液。②增施有机肥料,防止过量施氮。有机肥料全硼含量为 20～30 毫克/千克,施入土壤后能提高土壤供硼水平。同时,要控制氮肥用量,以免抑制硼的吸收。③土壤过于干燥时,要及时灌水,保持土壤湿润,以增强土壤对硼的吸收。

(七)冬瓜缺铁症

【表现症状】　冬瓜上部叶片除叶脉外变黄,严重时白化;芽生长停止,叶缘坏死、完全失绿。

【发病原因】　磷肥施用过量,碱性土壤,土壤中铜、锰素过量,土壤过干、过湿、温度低,均易发生缺铁。

【诊断要点】　①缺铁的症状是出现黄化,叶缘正常,不停止生长发育。②调查土壤酸碱性。出现上述症状的植株根际土壤呈碱性,有可能是缺铁。③在干燥或多湿等条件下,根的功能下降,吸收铁的能力下降,会出现缺铁症状。④观察植株叶片是出现斑点状黄化还是全叶黄化,如果是全叶黄化,则为缺铁症;如果是斑点状黄化或叶缘黄化,则可能是因其他生理病害所致。

【防治措施】　①尽量少施碱性肥料,防止土壤呈碱性,适宜的土壤 pH 值应为 6～6.5。②注意土壤水分管理,防止土壤过干、过湿。③对缺铁土壤,可每 667 平方米施用 2～3 千克硫酸亚铁作基肥。④应急措施是用 0.1%～0.5%硫酸亚铁溶液或 100 毫克/千克柠檬酸铁溶液喷洒叶面。

(八)冬瓜氮素过剩症

【表现症状】　叶片肥大而深绿,中下部叶片出现卷曲,叶柄稍微下垂,叶脉间凹凸不平,植株徒长。受害严重时,叶片边缘受到随"吐水"析出的盐分危害,出现不规则的黄化斑,并造成部分叶肉组织坏死。受害特别严重的叶片及叶柄萎蔫,植株在数日内枯萎死亡。

【发病原因】　施用铵态氮肥过多,特别在遇到低温时施入铵态氮或把铵态氮肥施入到消毒的土壤中,硝化细菌或亚硝化细菌的活动受抑制;铵在土壤中积累的时间过长,引起铵态氮过剩;易分解的有机肥施用量过大;温室种植年限长,土壤易盐渍化。

【防治措施】 ①实行测土施肥,根据土壤养分含量和冬瓜需要,对氮、磷、钾和其他微量元素实行合理搭配和科学施用,尤其不可盲目施用氮肥。在土壤有机质含量达到 2.5％以上的土壤中,应避免一次性每 667 平方米施用超过 5 000 千克的腐熟鸡粪。②在土壤养分含量较高时,提倡以施用腐熟的农家肥为主,配合施用氮素化肥。③如发现冬瓜缺钾、缺镁症状,应首先分析原因,若因氮素过剩引起缺素症,应以解决氮过剩为主,配合施用所缺肥料。④如发现氮素过剩,在地温高时可加大灌水缓解,喷施适量助壮素,延长光照时间,同时注意防治蚜虫和霜霉病。

(九)冬瓜磷过剩症

【表现症状】 叶脉间的叶肉上出现白色小斑点,病、健部分界明显,外观上与某些细菌性病害类似。

【发病原因】 由于过量施用磷肥所致。磷素过多能增强作物的呼吸作用,将消耗大量碳水化合物,导致叶片肥厚而密集,系统生殖器官过早发育,茎叶生长受到抑制,引起植株早衰。由于水溶性磷酸盐可与土壤中锌、铁、镁等营养元素生成溶解度低的化合物,因而降低这些元素的有效性。因此,因磷素过多而引起的病症,除上述症状外,有时会以缺锌、缺铁、缺镁等的失绿症表现出来。

【防治措施】 防治磷过剩的措施较简单,减少磷肥施用量即可。注意科学施用磷肥,在减少磷肥施入量的同时,提高肥效。如果土壤为酸性,磷呈不溶性,虽然土中有磷的存在也不能吸收,因此适度改良土壤酸度,可提高肥效。施用堆厩肥,磷不会直接与土壤接触,可减少被铁或铝所结合,对根的健全发育及磷的吸收很有帮助。

(十)冬瓜锰素过剩症

【表现症状】　下部叶片的网状脉首先变褐,然后主脉变褐,沿叶脉的两侧出现褐色斑点。褐色斑点先从下部叶开始,然后逐渐向上部叶发展。

【发生原因】　土壤酸化,大量的锰离子溶解在土壤溶液中,容易引起冬瓜锰中毒。使用过量未腐熟的有机肥时,容易使锰的有效性增大,也会发生锰中毒。

【防治措施】　土壤中锰的溶解度随着 pH 值的降低而增高,所以施用石灰质肥料可以提高土壤酸碱度,而降低锰的溶解度。在土壤消毒过程,由于高温和药剂的作用,使锰的溶解度加大,为防止锰过剩,消毒前要施用石灰质肥料。注意田间排水,防止土壤过湿,避免土壤溶液处于还原状态。施用有机肥时必须完全腐熟。

(十一)冬瓜化瓜

【表现症状】　冬瓜雌花开放后 3～4 天内,幼果前面部分褪绿变黄,变细变软,果实不膨大或膨大很少,表面失去光泽,先端萎缩,不能形成商品瓜,最终烂掉或脱落。

【发病原因】　主要是环境条件不适或养分供应失调造成的。具体有以下 4 个原因:①温度不适。温度过高,白天超过 35℃,夜间高于 20℃,造成光合作用降低,呼吸作用增强,碳水化合物大量向茎叶输送,致使秧蔓徒长、营养不良而化瓜。温度过低,白天低于 20℃,夜间低于 10℃,根系吸收能力减弱,光合作用也会降低,造成营养饥饿而引起化瓜。②光照不足。冬瓜进入开花阶段后,如果遇到连续阴天或阴雨连绵,昼夜温差小,加之光合作用受到影响,养分的消耗多于制造,就会造成营养不良而化瓜。③栽植密度过大。密度的大小也是影响化瓜的因素之一,密度大,根系间竞争土壤中的养分,而地上部的茎叶则竞争空间,当叶面积指数达到 4

以上时,透光透气性降低,光合效率不高,消耗增加,化瓜率提高。④授粉不良。由于授粉不良或根本就没授粉,子房内不能生成植物生长素,导致胚和胚乳不能正常生长,加之营养生长与其竞争养分,当养分对雌花供应不足时,子房的植物生长素含量减少,就不能结实而化瓜。

【防治措施】 ①调节温度。白天保持在 25℃～30℃,超过30℃,应适当放风。夜间保持 15℃～20℃,温度过低,可通过安装电炉子、生炭火等无烟增温措施加温。②补充光照。在保持温室内温度的情况下要早揭晚盖草苫,假如遇到连续阴天或阴雨连绵,可用照明灯、张挂反光膜的方法加强光照。③种植密度适宜。每 667 平方米控制在 2 000～2 500 株,采用大小行种植时,大行距80 厘米,小行距 60 厘米,株距 40 厘米。④合理施肥。科学施肥对控制化瓜的发生很重要。在生产上要增施充分腐熟的有机肥,防止氮肥施用过量或磷、钾肥不足,通常氮肥施用过量很容易造成植株徒长,坐瓜不齐,将加重化瓜。随着植株的不断生长,应逐渐增加氮肥施用量,到开花结果盛期应平衡施肥。施用氮肥时要注意深施。⑤喷洒植物生长调节剂。在冬瓜开花后 2～3 天,用 100毫克/千克赤霉素或 100 毫克/千克防落素喷洒,可使小瓜快长,不易化瓜。

(十二)冬瓜不膨果

【表现症状】 冬瓜幼瓜不膨大,或膨大速度慢。

【发生原因】 ①植株太旺,营养大量供应茎叶生长,果实因营养不足而不膨大。一般出现不膨果的冬瓜植株普遍存在旺长现象,植株吸取的营养是一定的,如果营养生长过旺,势必就会使生殖生长受到影响。②蘸花药浓度高,抑制了果实的膨大。③低温寡照造成不膨果。低温寡照时,生长发育缓慢,营养的合成、运输受阻,白天的光合作用制造的光合产物不足,不能满足冬瓜植株的需要,导致植株细胞停止伸长,造成不膨果或化瓜。

【防治措施】　①从苗期开始就应做好控制旺长工作,除用植物生长调节剂控制外,还需调节好肥、水和温度。冬瓜对温度要求非常严格,一般白天保持在 18℃～22℃,夜间保持 13℃～15℃为宜。温度过高,尤其是夜温过高,极易出现旺长现象。在施足基肥的基础上,缓苗后切忌冲施含氮过高的肥料,因为含氮高的肥料易造成植株徒长,在膨果期可适当冲施高钾含量的肥料。此外,切忌大水漫灌,应隔行浇水,只浇定植行即可。要小水勤浇,一般一次浇半沟水即可。②蘸花药物浓度要随着温度的变化而变化,温度高时浓度要低,温度低时浓度要高。如果因蘸花药浓度高造成冬瓜不膨果,要适当增加浇水量,同时用赤霉素或细胞分裂素混芸薹素内酯喷果进行缓解。③如果因低温寡照造成不膨果,要保温增光,晴天要早揭晚盖草苫以延长光照时间,阴雨天在温度允许的前提下也要适当揭开草苫透光。此外,要及时擦拭棚膜,增加蔬菜见光时间和光照。

(十三)冬瓜叶片急性萎蔫

【表现症状】　在短时间内,整株叶片突然萎蔫,失去继续结果的能力。

【发生原因】　主要是由于植株生理失调导致生理病害,重者全株死亡。造成这种生理性病害的原因有二:一是冬瓜在夏季露地栽培时,已经适应了高温栽培的环境,尽管瓜叶蒸腾作用旺盛,但根系吸收的水分可不断地通过根茎从叶片蒸腾出去,使植株温度得到调节,也能维持正常生长发育状态。但如果在烈日下突遇阵雨后又骤晴,此时空气湿度突然增加,瓜叶蒸腾作用减弱,加之气温与地温尚高,易使植株体温失调,导致发病。二是连续阴天后骤晴,把草苫一下全部揭开,致使植株不能适应突然变化的环境,导致发病。

【防治方法】 日光温室栽培冬瓜如果遭遇长期阴天,骤然天晴后,草苫要先揭开1/4,待冬瓜逐渐适应环境后,再揭开一部分,最后全部揭开。据试验,在阴天不下雪时,日光温室揭开草苫的温度要比不揭开草苫的高1℃～2℃。

(十四)冬瓜僵果

【表现症状】 僵果又叫石果、单性果或雌性果。植株进入生长旺盛时期,如幼果生长受限,将出现畸形果,果实不膨大,僵果,无籽。

【发生原因】 主要是花芽分化期(即播种后35天左右)植株受干旱、病害、不利温度(13℃以下和35℃以上)的影响,分化孕育的花,雌蕊由长柱头花变为短柱头花,花粉不能正常散发,雌蕊不能正常受精,则生长单性果。此外,缺乏生长刺激素,对锌、硼、钾等果实膨大元素和水分拉力小,故果实僵化不膨大。有些人往往误认为是品种混杂的植株而拔掉,造成严重损失。

瓜类作物花芽分化是在5叶1心时进行,影响其正常生育的因素是温度、光照、湿度、病害、药害和水分;生理因素是营养失调;后果是未能授粉受精。即使在严寒的冬季,也会出现短暂高温,因温室植株适应性差,如不及时调控,就会受精不良,产生畸形果和僵果,植株受肥害而矮化。开花着果期,高温高湿会导致徒长;通风不良,会导致落花落果严重,僵果多,持续时间长(15～20天)。发生僵果与品种的遗传性也有一定关系。对温度反应敏感的品种易发生僵果;土壤pH值达8以上,病毒病干扰,植物体内养分不能正常运转,也会造成僵果。

【预防措施】 ①越冬冬瓜定植深度应使营养土坨与地面齐平,覆土3～5厘米高。花芽分化期要防止干旱,其他时间要控水促根,以防止形成不正常的花器。②必须在2～4片真叶时分苗,谨防分苗过迟而破坏根系,影响花芽分化时的养分供应,造成瘦小花和不完全花。③分苗时用硫酸锌 700～1 000 倍液浇灌,增加根系数目与长度,提高吸收和抗逆能力。④在花芽分化期和授粉受精期将白天室温严格控制在 23℃～30℃,夜间 15℃～18℃,地温 17℃～26℃,土壤含水量为田间最大持水量的 55％,光照为 1.5 万～3 万勒克斯,pH 值 5.6～6.8。⑤采用冬性强、耐弱光的品种,用 0.1％高锰酸钾液浸泡种子以消灭病原菌。⑥开花结果期及时通风降湿,以利于传粉受精。

(十五)冬瓜日灼病

【表现症状】　冬瓜果实向阳面果肩部果皮出现近圆形至不定型的黄白色斑,大小不等,有的近半个巴掌大;斑面光滑或略皱,后呈皮革状,略下陷或不下陷。一些贴地的冬瓜果皮背阳面亦可变黄白色,与因日灼向阳面果皮变色有别。通常日灼斑下果肉无病变,但日灼斑如果受其他杂菌侵害,可引起内部组织坏死甚至倒囊果腐。

【发病特点】　冬瓜日灼病属生理性病害,是由于果实向阳面受强烈阳光照射,冬瓜果实局部受热,表皮细胞被灼伤而产生日灼。通常土壤缺水或天气过度干热,或不耐热的品种,易诱发日灼病。不同冬瓜品种间抗性有差异,粉皮冬瓜较青皮冬瓜耐日灼。

【防治方法】　①高温常发生冬瓜日灼的地区应因地制宜选用抗耐病品种。②管理好肥水,适时适度浇水,以满足果实发育所需,防止土壤过旱。③结合管理注意绕藤时用生长旺盛的主蔓叶片或麦(稻)草遮荫护瓜。④适时适度地喷施叶面营养剂,有助于提高植株抗逆性,防止或减轻果实日灼。

(十六)冬瓜低温冷害

【表现症状】　冬瓜提早育苗,尤其是北方在提早或延迟栽培过程中经常遇到寒害和冻害。苗期遇有低温障碍易诱发沤根,出苗后遇有寒流袭击,致叶片变为水烫状,呈黄白色或灰白色,受冻叶片干枯死亡。北方霜冻来得早,常造成植株受冻而提早拉秧。北方栽培的冬瓜,在晚霜来临前遇到降温或寒流侵袭,即开始表现出多种症状,轻微者叶片虽未坏死但呈黄白色;低温持续时间较长,多不表现局部症状,往往不发根或花芽不分化,有的可导致弱寄生物侵染,较重的导致外叶枯死或部分真叶枯死,严重的植株呈水浸状,而后干枯死亡。

【发病原因】 低温是冬瓜早春或晚秋受冻的重要因素,尤其是寒流侵袭或突然降温降雨,会出现上述症伏。寒害的发生因寄主不同而异,冬瓜耐寒能力弱,0℃~10℃就会受害,低于3℃~5℃生理机能出现障碍,造成伤害,尤其湿冷比干冷危害更大。低温时,根细胞原生质流动缓慢,细胞渗透压降低,造成水分供求不平衡,植株受到冻害。温度低到冻结状态时,细胞间隙的水分结冰,使细胞原生质和水分析出,冰粒逐渐加大,导致细胞脱水,或使细胞胀离而死亡。

【防治方法】 ①选用耐低温品种。②进行低温锻炼。冬瓜对低温的耐受力是生理适应过程,原生质胶体黏性提高,酶活性增强向耐寒性发展。因此,育苗期定植前低温锻炼十分重要。③选择晴天定植,上冻前浇小水。④实行地面覆盖,或在植株上盖报纸或地膜,温室覆盖草苫。⑤熏烟或临时补温。⑥喷洒500毫克/千克链霉素溶液,可使冰核细菌数量明显减少,是预防霜冻的主要方法之一。⑦冻后解救措施。特别注意冻后缓慢升温,日出后用草苫遮光,使受冻瓜生理功能慢慢恢复,不可操之过急。

(十七)冬瓜"焦边叶"

【表现症状】 冬瓜中上部叶片发生"焦边叶"较多。开始叶片的边缘呈现黄色,而后干枯黄化,围绕叶片一周,故称"焦边叶"。叶片中间向上隆起,边缘向下,呈降落伞状,故又称"降落伞状叶"。

该病使叶片的光合能力下降,致使冬瓜产量降低。

【发病原因】　该病属生理性病害,由植株缺乏钙素造成。该病在温度较低的 12 月至翌年 1 月份发生严重。这是由于地温低,土壤中微生物活动能力降低,造成土壤中铵态氮与硝态氮的比例失调,铵态氮积聚过多,抑制了钙素的吸收,因而尽管土壤中不缺钙,冬瓜仍呈缺钙症状。土壤沙性太大,有机肥不足,土壤中缺乏钙时发生较重。施用氮肥特别是施用氮素化肥过多时发生严重,这是由于铵态氮肥多,抑制了冬瓜植株吸收钙素的缘故。温室中发生冬瓜"焦边叶"的主要原因是冬季地温过低造成的。

【防治方法】　①提高日光温室内的地温。改进日光温室的结构,如加厚墙体,挖防寒沟,提高温室的高度,加大日光入射角,增加日光入射率,提高日光利用率。采用增温塑料薄膜,利用保温性能较好的草苫,温室内用无纺布进行双层覆盖,在温室北侧张挂反光幕。②深翻地。深翻土壤达 30 厘米以上有 2 个好处:一是土壤深度疏松,根系发育强大,吸收能力增强;二是土壤疏松,蓄水力强,在温度较高时浇水,土壤能积蓄更多的水分,减少寒冬温度低时浇水次数,防止浇水次数过多而降低地温。为解决温室内翻地的困难,可用免深耕土壤调理剂 200 克加水 100 升,喷布 667 平方米地面。喷后能使 50~100 厘米深的土壤疏松、通透。③增施有机肥,适量施铵态氮肥。施用化肥时,要注意氮、磷、钾合理搭配。④在寒冬生长期,喷施 1 次芸薹素——硕丰 481 的 10 000 倍液或纳米磁能液 2 500 倍液,促进光合作用的进行和根系的生长发育。⑤在温度较低的季节,每 3~5 天喷 0.2% 过磷酸钙或氯化钙液 1次,以补充植株的钙素供应,同时可增加细胞液的浓度,增强植株的抗寒能力。

(十八)冬瓜裂瓜

【表现症状】　冬瓜果实开裂,影响外观和品质,对贮藏和销售十分不利。

【发病原因】 由于长时间干旱或控水过度,突浇大水,使果肉与果皮细胞吸水膨大不同步而引起果皮膨裂,或幼果受机械损伤出现伤口,在果实膨大过程中开裂引起的。缺钙时也会引起裂果。

【预防措施】 ①采用深沟高畦或起垄吊架栽培法栽培冬瓜。②增施有机肥,增加土壤透水性和保水力,使土壤供水均匀,促使植株健壮生长。同时,要及时整枝,使果实发育正常。③果实顶端和贴地面的果皮厚壁细胞层较少,栽培中可将其进行翻转,以促进果实发育,防止裂瓜。必要时,在果实膨大期喷洒0.1%硫酸锌或硫酸铜溶液,以提高其抗热和抗裂能力。④在花瓣脱落后,喷洒15毫克/千克赤霉素溶液,每隔7天喷1次,连喷2~3次,也可防止裂瓜。

(十九)冬瓜杀菌剂药害

【表现症状】 叶片上出现明显的斑点或较大的枯斑,不同药剂所造成的药害症状差异较大。

【发病原因】 在高温时用药,药液中的水分迅速蒸发,药液浓度迅速提高,容易造成药害。用药浓度过大,或喷洒药液过多。蔬菜苗期耐药性差,如所用药液浓度过高,也会造成药害。

【预防措施】 ①科学用药。严格按规定的浓度用药量配药。各种农药各有优缺点,如两种以上农药混合恰当,可扬长避短,起到增效和兼治的作用;如果混合不当,则降低药效,破坏药剂,产生药害。混用药品一般不超过3种。最好用河水配药,用硬水配制的乳剂或可湿性粉剂,容易引起药害。若土壤长期干燥,施药后易引起药害。温室内雾气、水滴有利于药剂溶解和渗入,易引起药害。喷药时要细致、周到,雾滴要细小,避免局部药量过多。适时用药,一般应避开花期、苗期等耐药力弱的时期喷药,同时避免在中午强光高温下用药,因此时作物耐药力弱,易发生药害。②补救措施。幼苗药害轻时，应及时中耕松土，施入适量氮肥，及时灌水，促进其恢复生长。叶片、植株药害较重时，要及时灌水，增施磷、钾肥，中耕松土，促进根系发育，增强恢复能力；还可喷施各种叶面肥。如喷错了农药，要立即喷洒清水淋洗。

(二十)冬瓜辛硫磷药害

【表现症状】　冬瓜叶片的小叶脉不均一地失绿、变白，进而大部分或所有叶脉变白，形成白色网状脉，严重时整个叶片布满白斑。植株生长受到抑制，顶部幼叶扩展受阻，形成小叶，且叶片边缘褪绿、白化。有时，较小的、受害较轻的叶片皱缩畸形。卷须变白、缢缩。

【发病原因】　施用辛硫磷浓度过大，两次喷药间隔时间过短。按我国农药毒性分级标准，辛硫磷属低毒性化学杀虫剂，杀虫谱广，具有触杀或胃毒杀作用，击倒力强，对防治黄条跳甲有特效；尤其用作土壤处理，可以杀死地下部分幼虫，大量降低黄条跳甲的虫口密度。但冬瓜对辛硫磷很敏感，容易产生药害。

【防治方法】　提倡施用替代物甲基辛硫磷。甲基辛硫磷是辛硫磷的同系物，纯品为白色结晶体，对光、热均不稳定，不溶于水。按照我国农药毒性分级标准，甲基辛硫磷属低毒杀虫剂，与辛硫磷具有相似的作用特点和防治对象，对害虫具有胃毒和触杀作用而无内吸性能，对多种害虫有良好的防治效果，甲基辛硫磷对人、畜的毒性约比辛硫磷低 $4/5\sim5/6$，因而在冬瓜上使用更加安全。甲基辛硫磷的制剂为 40% 乳油，防治蚜虫、蓟马等，用 1 000～1 500倍液喷雾；防治小菜蛾、甜菜夜蛾，可用 800 倍液喷雾。

(二十一)冬瓜落花落果

【表现症状】　冬瓜的花、幼果脱落。

【发生原因】　日光温室栽培冬瓜落花落果的原因很多，但综合起来,主要是由于营养不良、不利的气候条件和病虫危害造成的。营养不良是由于栽培管理措施不利,如栽培密度过大或氮肥施用过多,造成植株徒长;营养生长和生殖生长失去平衡,使冬瓜花、果营养不足而脱落。不利的气候条件,如冬春季日光温室中经常遇到光照不足,温度偏低的天气,影响授粉,即使授粉,果实也发育不良,易脱落,这在阴雨雪天气时表现更突出。温室内通风不良,湿度过大时,造成冬瓜花不能正常散粉,使授粉受精难以完成而造成落花落果。

【预防措施】 ①在冬瓜开花结果期,将白天温室内温度控制在 26℃左右,夜间不低于 15℃。②及时揭去日光温室草苫,尽可能延长光照时间,以增加光照强度。③加强肥水管理。如果植株叶片深绿、肥厚,开花却不结果,须严格控制肥水,将瓜蔓捏扁,抑制植株疯长。如果植株瘦弱,叶片黄且薄,须增加肥水,摘除第一雌花,以促进营养生长。④及时防治病虫,加强通风,降低温室内湿度;定期施用农药,清除败落花瓣及病叶、老叶。在冬瓜果实顶端花瓣着生处涂抹一层多菌灵粉剂,防止病菌从此处侵入果实而造成脱落。⑤在冬瓜初现花蕾时,每隔 10 天左右叶面喷施 1 次喷施宝等含硼叶面肥,防止因硼等微量元素不足,花果发育不良而落花落果。⑥在上午 10 时左右,选择将要开放的雌花,用 20 毫克/千克 2,4-D 和 30 毫克/千克赤霉素混合液蘸花,防止受精不良,促进果实膨大。

(二十二)冬瓜氨气中毒

【表现症状】 花、幼叶、幼果等幼嫩组织先发生褐变,后变为白色,严重时萎蔫死亡。

【发生原因】 温室内的氨气主要来自未经腐熟的鸡粪、猪粪、马粪和饼肥等有机肥料,肥料在高温下发酵时,产生出大量氨气,越积越多;其次是大量施用碳酸氢铵和撒施尿素产生的氨气。温室内的氨气浓度达到 5～10 毫升/米³ 时,作物就会中毒。

生产中氨气中毒易与高温热害相混,区别的方法是用 pH 试纸检测温室内的酸碱度,在早晨日出通风前,用试纸浸蘸温室内膜上的水滴,如呈蓝色的碱性反应,即为氨气中毒;如呈中性或红色的酸性反应,则为高温热害。

【解决方法】　①施用腐熟的人、畜粪尿,不施未腐熟的生肥。②不施或少施碳酸氢铵。施用尿素时,用沟施或穴施,施后盖土埋严,不用撒施。③在保证正常温度的情况下,开窗或卷起膜脚进行通风换气,以排除过多的氨气。④在植株叶片背面喷施 1% 食用醋溶液,可以减轻和缓解危害。

(二十三)冬瓜亚硝酸气中毒

【表现症状】　亚硝酸气体通过叶片气孔侵入叶肉组织,使叶绿体结构遭受破坏而褪色,出现灰白斑。如浓度过高时,叶脉也变成白色;严重时导致植株死亡。

【发生原因】　日光温室内的亚硝酸气体主要来自于施用过多的氮素化肥。土壤中,特别是沙土和砂壤土,如连续施入大量氮肥,土壤中的铵向亚硝酸转化虽能正常进行,但亚硝酸向硝酸转化则会受阻,因而在土壤中积累起大量的亚硝酸,当温度升高时亚硝酸就变成气体散发在温室内,浓度超过 2～3 毫升/米³ 时,植物就会中毒。中毒多发生在施肥后的 1 个月。其检测方法是用 pH 试纸浸蘸温室内膜上的水滴,若呈红色的酸性反应,就是亚硝酸积累过多引起的中毒。

【预防措施】　合理施肥,尤其是施氮肥时要少量多次,分次适量施入,并采用沟施或穴施,施后与土壤拌匀并用土盖严,切忌重施、多施和撒施,同时注意通风换气。如温室内亚硝酸气体过浓或土壤偏酸时,在土壤中增施石灰,把 pH 值调节至 6.5～7,可有效地防止亚硝酸气害。

金盾版图书,科学实用,
通俗易懂,物美价廉,欢迎选购

培关键技术	7.00 元	西瓜栽培百事通	17.00 元
图说南方草莓露地高		南方小型西瓜高效栽培	8.00 元
效栽培关键技术	9.00 元	西瓜病虫害及防治原	
草莓无病毒栽培技术	10.00 元	色图册	15.00 元
有机草莓栽培技术	10.00 元	甜瓜标准化生产技术	10.00 元
草莓病虫害及防治原		甜瓜优质高产栽培(修	
色图册	16.00 元	订版)	7.50 元
引进台湾西瓜甜瓜新品		怎样提高甜瓜种植效益	9.00 元
种及栽培技术	10.00 元	保护地甜瓜种植难题破	
大棚温室西瓜甜瓜栽培		解 100 法	8.00 元
技术	15.00 元	甜瓜保护地栽培	10.00 元
西瓜甜瓜南瓜病虫害防		甜瓜园艺工培训教材	9.00 元
治(修订版)	13.00 元	甜瓜病虫害及防治原	
图说棚室西瓜高效栽培		色图册	15.00 元
关键技术	12.00 元	城郊农村如何发展果业	7.50 元
怎样提高西瓜种植效益	8.00 元	果树壁蜂授粉新技术	6.50 元
西瓜栽培技术(第二次		果树育苗工培训教材	10.00 元
修订版)	6.50 元	果树苗木繁育	12.00 元
西瓜栽培新技术	20.00 元	果树林木嫁接技术手册	27.00 元
西瓜无公害高效栽培	10.50 元	果树嫁接新技术(第 2	
无公害西瓜生产关键技		版)	10.00 元
术 200 题	8.00 元	果树嫁接技术图解	12.00 元
西瓜标准化生产技术	8.00 元	果树盆栽实用技术	17.00 元
西瓜园艺工培训教材	9.00 元	果树盆栽与盆景制作	
提高西瓜商品性栽培技		技术问答	11.00 元
术问答	11.00 元	果树无病毒苗木繁育与	
无子西瓜栽培技术		栽培	14.50 元
(第 2 版)	11.00 元	果品优质生产技术	8.00 元

以上图书由全国各地新华书店经销。凡向本社邮购图书或音像制品,可通过邮局汇款,在汇单"附言"栏填写所购书目,邮购图书均可享受 9 折优惠。购书 30 元(按打折后实款计算)以上的免收邮挂费,购书不足 30 元的按邮局资费标准收取 3 元挂号费,邮寄费由我社承担。邮购地址:北京市丰台区晓月中路 29 号,邮政编码:100072,联系人:金友,电话:(010)83210681、83210682、83219215、83219217(传真)。